茉莉花文化

李叶梅　覃春月◎主编

中国国际广播出版社

图书在版编目（CIP）数据

茉莉花文化 / 李叶梅，覃春月主编 – 北京 : 中国国际广播出版社，

2023.11

ISBN 978-7-5078-5466-4

I. ①茉 … Ⅱ . ①李 … ②覃 … Ⅲ . ①茉莉 – 研究 – 中国 Ⅳ. ① S685.16

中国国家版本馆 CIP 数据核字 (2023) 第 237945 号

茉莉花文化

著　　者	李叶梅　覃春月
责任编辑	张娟平
装帧设计	汉唐工社
责任校对	汉　唐
出版发行	中国国际广播出版社
社　　址	北京市西城区天宁寺前街 2 号北院 A 座一层 邮编：100055
网　　址	www.chirp.com.cn
经　　销	新华书店
印　　刷	北京厚诚则铭印刷科技有限公司
开　　本	710 × 1000　1/16
字　　数	297千字
印　　张	12.75
版　　次	2024 年 3 月　　北 京 第 1 版
印　　次	2024 年 3 月　　第 1 次 印 刷
定　　价	55.00 元

编 委 会

主　编　李叶梅　覃春月

副主编　何道敏　黄先学　曾玉萍　陈月娇

参　编　韦颖红　周德裕　周培成　韦英灼

陆秋菊　谢积慧　李彩银　潘银针

黄植东　陆春燕　冯小燕　林明晓

前　言

茉莉花在世界范围内广泛传播。茉莉自国外传入我国后，对我国从古代到现在的生活都产生了极大的影响，茉莉也成为我国文学中的重要题材并有着独特的文学意象。

本教材共六章，主要介绍了茉莉花起源和传播历史、茉莉花与文学、茉莉花与茶、茉莉花文化产业、世界茉莉花文化、茉莉花文化产业与创新。同时，本教材结合茉莉花产业发展的实际情况详细介绍了“中国茉莉之乡”广西横州市茉莉花产业以及茉莉花文化的发展情况。

本教材在编写过程中力求准确、完善、贴合产业发展，但也难免在疏漏和不足之处，敬请广大读者批评指正。

目　录

第一章　茉莉花起源和传播历史

第一节　茉莉花的起源

一、茉莉花名称起源

茉莉又称茉莉花，是由境外传来的花卉，其名称为音译，是梵语 MalliKa 的对音。根据清代厉荃的《事物异名录》，其中提到的茉莉的名称大约就有以下几种："鬘华"、"奈花"、"抹厉"、"没利"、"抹利"、"末利"、"末丽"，其中应多属音译的不同写法。明代李时珍《本草纲目》中"茉莉纲目"也指出："盖末利本胡语，无正字，随人会意而已。"而通过分析可以发现，茉莉这些名称的书写并不是随意附会，都有一定的命名渊源。

图 1　茉莉花（图片来源：横州市职业技术学校）

首先看"鬘华"之称。佛教经典中有一部《胜鬘经》，全称《胜鬘狮子吼一乘大方便方广经》，是如来藏系经典中的代表作品之一。它记述了胜鬘夫人劝信佛法的说教，经典的内容不在我们的研究范围，关于“胜鬘”的名称却可以作一番探讨。“胜鬘夫人”是古印度憍萨罗国波斯匿王与末利夫人之女，由于是波斯匿王向佛祈福而得此女，国人纷纷献出最好的花和最华丽的饰品，因此为之取名“胜鬘”。一方面形容女儿貌美绝伦，另一方面形容她的慧敏超越了世间其它。但事实上，根据《根本说一切有部毗柰耶杂事》所载，末利夫人也被称为“胜鬘”末利夫人幼年名明月，“每于日日常采多花。结作胜鬘持来与我。因号此女名曰胜鬘”。她是由于采花结成华鬘而受主人赏识，故人皆称之为“胜鬘”。“鬘”本指美好的头发，根据华夫主编的《中国古代名物大典》中的“鬘”的解释：“用珠玉或其他东西缀成之饰物。”又列在大典的“香奁类”中的“发饰”条中。此外，“胜”字也有妇人首饰的意思。大典中解释为“编织或剪裁之首饰。其用料不一，形状各异，其名据其特点，历代有别。南北朝之后作为风俗物，多剪綵而成。”又《广群芳谱》“茉莉”条称：“佛书名鬘华。谓堪以饰鬘。”可见茉莉是能作为发饰簪戴在头发上的且与佛教有着密切的联系。

宋代是文学作品中开始出现一定量的茉莉书写的时代，而这时候的“茉莉”之称还未定型，人们作品中提到茉莉多用“末利”、“没利”、“抹利”等，这些都是梵语对音的不同写法。

宋代王十朋有《又觅没利花》诗：

没利名嘉花亦嘉，远从佛国到中华。

老来耻逐蝇头利，故向禅房觅此花。

（宋·王十朋《又觅没利花》）

茉莉花名字好听，花更好，从很远的佛教之国，来到中华。诗人年迈，不屑于追逐尘世中的蝇头小利，更愿意觅得心头的一方净土，于是来禅房里寻找茉莉花。因为在他的眼里，茉莉花即象征着无欲无求，高雅自洁。前两句诗介绍了茉莉的来源，第三句转而说明茉莉的品格，它是一种不追求蝇头微利、与世无争的花卉。

王十朋还有一首关于茉莉的诗《二道人以抹利及东山兰为赠再成一章》：

西域名花最孤洁，东山芳友更清幽。

远烦文室维摩诘，分韵小园王子猷。

入鼻顿除浮利尽，同心端与国香侔。

从今日讲通家好，诗往花来卒未休。

（宋·王十朋《二道人以抹利及东山兰为赠再成一章》）

这首将茉莉与兰花并称，称闻其香味而能使人追名逐利之心驱除尽，所以称此花为“没利”是有道理的。

再说“抹丽”之称，《广群芳谱》云：“一名抹丽，谓能掩众花也。”即茉莉花的魅力极大，其他花卉与之相比就黯然失色了。

茉莉除了音近的几种名称外，还有一些别致的名称。如释惠洪《冷斋夜话》就记载了苏东坡谪居儋耳（今海南省儋州市），见当地蛮女头插茉莉、口嚼槇榔，便戏书姜秀郎几间曰：“暗麝着人簪茉莉，红潮登颊醉槟榔”。从此，“暗麝”也就成了茉莉的一个别称。再根据宋代陶穀《清异录》载：南汉地狭，力贫不自揣度，有欺四方、傲中国之志，每见北人盛夸岭海之强。世宗遣使入岭馆，接者遗茉莉，文其名曰‘小南强’及本朝鋹主面缚伪臣到阙，见洛阳牡丹，大骇叹，有搢绅谓曰：此名‘大北胜’。（宋·陶穀《清异录》）

因为“小南强”也是茉莉的别称，与天姿国色的牡丹抗颉南北。此外，茉莉还在一些地方被称作“萼绿君”，或名“绿萼君”。茉莉花朵为淡雅的白色，而花萼为绿色，故被尊称为“萼绿君”。这主要源自宋代张邦基《墨庄漫录》中所载颜博文诗：颜博文持约谪官岭表，爱而赋诗，云：“竹梢脱青锦，榕叶随黄云。岭头暑正烦，见此萼绿君。欲言娇不吐，藏意久未分。最怜月初上，浓香梦中闻。萧然六曲屏，西施带微醺。从深珊瑚帐，枝转翡翠裙。譬如追风骑，一抹万马群。铜瓶汲清泚，聊复为子勤。愿言少须臾，对此髯参军。”（宋·张邦基《墨庄漫录》）

综上可知，茉莉原来为音译，有各种写法。到明清时期，茉莉文学的繁盛期，“茉莉”一词也开始有了“正字”，即标准的写法。

二、茉莉花原产地

茉莉原产印度、阿拉伯一带，中心产区在波斯湾一代，现广泛植栽于亚热带地区。主要分布在伊朗、埃及、土耳其、摩洛哥、阿尔及利亚、突尼斯，以及西班牙、法国、意大利等地中海沿岸国家，印度以及东南亚各国均有栽培。中国目前是茉莉花最大的产区。

希腊首都雅典称为茉莉花城。菲律宾、印度尼西亚、巴基斯坦、巴拉圭、突尼斯和泰国等把茉莉和同宗姐妹毛茉莉、大花茉莉等列为国花。

泰国人把茉莉花作为母亲的象征。在泰国人看来，茉莉花持续的清雅香味，就像母爱一样，内敛却温暖，不会过于沉重却绵长久远。泰国的母亲节不是在5月，而是在8月20日，每当这一天，孩子们会手持素洁的白色茉莉花做的花环，送给母亲来表达自己对母亲的感激之情。

在花季，菲律宾到处可见洁白的茉莉花海，使整个菲律宾都散发着浓浓的花香。在菲律宾茉莉花也是友谊之花。将茉莉花做成一串花环套在客人颈上，表示尊敬与友好，是一种人情好客的礼节，因此送茉莉花也象征着友谊。

三、中国茉莉花起源

茉莉花最早在汉代传入我国，但是关于茉莉花是从哪里传入中国，众说纷纭。主要有三种观点：

（一）从波斯传入

汉代陆贾《南越行纪》中记载："南越之境，五穀无味，百花不香，此二花特芳香者，缘自胡国移至，不随水土而变，与夫橘北为枳异矣。彼之女子，以彩丝穿花心以为首饰。"晋永光元年（公元304年），稽含的《南方草木状》卷中记载："耶悉茗花、末利花，皆胡人自西国移植于南海，南人怜其芬芳，竞植之。""胡国""西国"即波斯，波斯就是现在的伊朗，《魏书》有关于波斯国国名的记载，伊朗曾派使节到访北魏十多次。明代李时珍在《本草纲目》中记载，"茉莉原产波斯，移植南海，今滇、广人栽莳之。"《群芳谱》记载："原出波斯，移植南海，此花入中国久矣。弱茎繁枝，叶如茶而大，绿色尖，夏秋开小白花，花皆暮开，其香清婉柔淑，风味殊胜。"他们都认为茉莉是由波斯传入中国，在南方大面积种植。

对于茉莉的原产地，美国学者劳费尔（Berthold Laufer，1874—1934年）在《中国伊朗编》（Sino－Iranica）中指出，Jasmine是古波斯语，原意是"花朵"的意思，也就是说茉莉的原产地在波斯，与我国古籍的记载相吻合。

古代波斯南部及波斯湾沿岸气候炎热，雨水较为充沛，为茉莉生长提供了得天独厚的自然条件；波斯悠久的园林文化进一步促进了茉莉的种植，使波斯成为了茉莉高产地，直到今日。茉莉，在古波斯语中被称为yāsamīn——意指其在人们心中的地位就像上帝恩赐的礼物一样高贵。由于它的花香十分清雅，在波斯文化中占据有重要地位。

（二）从印度传入

从伊朗当地的气候来看，该地区属温带大陆性气候、热带沙漠气候均不适合茉莉的生长，而中国植物志里记载茉莉原产印度，这与李时珍、劳费尔的记载相矛盾。

唐朝以前吟咏茉莉花的诗文甚少，宋代《鹤林玉露》记载："素馨茉莉其花之清婉皆不出兰芷下，而自唐以前墨客椠人曾未有一句话及之也者。何也？"北宋文学家李格非在《洛阳名园记·李氏仁丰园》记载："远方奇卉如紫兰、茉莉、琼花、山茶俦。" 宋代陈景沂《全芳备祖》中载有宋代郑域五言诗散联：风韵传天竺，随京入汉京。香飘山麝馥，露染雪衣轻。南宋王十朋在《又觅没利花》诗中记载："茉莉名佳花亦佳，远从佛国到中华。老来耻逐蝇头利，故向禅房觅此花。" "天竺" "佛国"就是现在的印度，他们认为茉莉花是从印度传入的。

茉莉花（J. sambac）从外邦传入我国后，先在我国南方开始栽培，这与茉莉花喜温畏寒的生活习性相符。茉莉花在印度最初被作为佛教用花，用于祭祀、婚丧等隆重场合，在佛书中又名曰"鬘华" "柰花"，被尊为"圣花"。早在汉代，"茉莉花"就从印度沿丝绸之路传入中国，北传佛教也是沿丝绸之路进入我国，因而丝绸之路又称佛教之路。

（三）从越南等东南亚国家传入

宋朝江奎关于茉莉花来源的诗句：灵种传闻出越裳，何人提挈上航蛮。他年我若修花史，列作人间第一香。

诗中描写的茉莉花是来自于越裳即现在的越南、老挝一带。当时东南亚国家的贡品就是从东冶港进人中国。在印度、巴基斯坦、斯里兰卡等东南亚国家，人们最喜爱茉莉花的香气。茉莉还被尊为佛教圣花，在印度庙，佛教徒们常用茉莉花环供奉菩萨。史料多次记载东冶港与印度等地有贸易往来。茉莉也随着佛教的传人，被古印度人引种至横州。汉武帝刘彻（前 156– 前 87）兴建御花园，手下的大臣们争相进献名贵花木。《西京杂记》载："初修上林苑，群臣远方各献名果异树。"西汉文学家司马相如在《上林赋》中记述皇家园林上林苑的盛况时，称院中香草名花、参天古木"视之无端，察之无涯"，目不暇接，连名字也叫不下来。

（四）传播路径

茉莉花在汉朝时期从地处热带的印度传入我国，最初在我国南方的福建、两广一带种植。汉代古籍《南越行记》中记载："南越（今两广一带）之境，五谷无味，百花不香，此二花（茉莉、素馨）特芬芳者，缘自胡国移至，不随水土而变，与夫桔北而为枳异也"。到了晋代，茉莉花似乎逐渐克服了温度气候的障碍，在江南地区开始栽种。唐朝记载茉莉的文献甚少，宋代张邦基所著《墨庄漫录》中记载："今闽人以陶盎种之，转海而来浙中人家以为嘉玩"。说明在宋代茉莉已经从福建一带传到浙江一带并盆栽。北宋宣和年间，茉莉花又向北迁移，从江南一带跨越长江来到河南开封一带。可见，茉莉花传入我国后又从我国岭南地区逐渐向长江流域传播，再而逐渐北上。金元时期，茉莉花传播到辽东一带，诗人元好问有诗云："江南秋泉云液浓，辽东抹利玉汁镕。"诗人生于金、卒于元，以此诗悼念亡国，因此金时期辽东已有茉莉花。到明清时期，茉莉飞渡黄河，已经传到甘肃一带。至此茉莉花开始遍布全国，传遍了大江南北。

四、茉莉花品种

茉莉花品种及其丰富，在我国就有 60 多种。

茉莉花，木樨科素馨属直立或攀援灌木植物。高达 3 米。小枝圆柱形或稍压扁状，有时中空，疏被柔毛。

叶相对而生，单叶，叶片纸质，圆形、椭圆形、卵状椭圆形或倒卵形，长 4–12.5cm，宽 2–7.5cm，两端圆或钝，基部有时微心形，侧脉 4–6 对，在上面稍凹入或凹起，下面凸起，细脉在两面常明显，微凸起，除下面脉腋间常具簇毛外，其余无毛；叶柄较长，长 2–6mm，被短柔毛，具有关节。

花为伞状，聚伞花序顶生，通常有花 3 朵，有时单花或多达 5 朵；花序梗长 1–4.5cm，被短柔毛；苞片微小，呈锥形，长 4–8mm；花梗长 0.3–2cm；花极芳香；花萼无毛或疏被短柔毛，裂片线形，长 5–7mm；花冠白色，花冠管长 0.7–1.5cm，裂片长圆形至近圆形，宽 5–9mm，先端圆或钝。果实球形，径约 1cm，呈紫黑、黑褐色。花期 5–8 月，果期 7–9 月。按颜色可以分为：白茉莉、红茉莉、粉茉莉、绿茉莉、黄茉莉。

（一）茉莉花按照外形可以分为三类：即单瓣、双瓣和重瓣。

1. 单瓣茉莉

单瓣茉莉植株高 70–90 厘米，茎枝较细，呈藤蔓型，故有“藤本茉莉”之称。叶片为椭圆形，叶质较薄，叶端稍尖，全缘，长 5–9 厘米，宽 3.5–5.5 厘米。花冠单层，裂片（花瓣）少，7–11 片，每片长约 1.3 厘米，宽 1 厘米，呈椭圆形，洁白，表面微皱，顶端稍尖，所以又称尖头茉莉。

单瓣茉莉花冠管较长，约 1.5 厘米，雄蕊 2 枚，与雌蕊等长。聚散花序，顶生或腋生，每个花序着生 3–12 朵花，多的可达 30 多朵。花蕾略尖长，较小而轻。

我国的单瓣茉莉，经各地多年选育，形成较多的地方良种，产量高、品质好的有福建长乐种、福州种、金华种、台湾种。其中台湾茉莉花较清爽、鲜灵、纯净。

单瓣茉莉花蕾开放时间早，伏花一般在傍晚 6–7 时开放，每百朵花重，伏花 22–25 克左右，比双瓣茉莉轻。用单瓣茉莉窨制的茉莉花茶，香气浓郁，滋味鲜爽，为双瓣茉莉花所不及。

单瓣茉莉花耐旱性较强，适于山脚、丘陵坡地种植，但产花量不及双瓣茉莉，每 0.067 公顷产 150–200 千克，高的不超过 400 千克，且不耐寒，不耐涝，抗病虫能力弱。

2. 双瓣茉莉

双瓣茉莉是中国大面积栽培的主要品种。植株高 1–1.5 米，为直立丛生灌木，多分枝，茎枝较粗硬，茎基部表皮有灰褐色皱纹。幼茎绿色，健壮枝条有棱和短茸毛。叶对生，阔卵形，全缘，网状脉，叶色浓绿，叶质较厚且富有光泽。聚伞花序，顶生或腋生，每个花序着生花蕾 3–17 朵，多的可达 30 朵以上。花蕾卵圆形，顶部较平或稍尖，也称平头茉莉。双瓣茉莉通常是带尖头的品质较好，花朵比单瓣茉莉肥硕，含水量也略低。花冠管比单瓣茉莉略短，长约 1 厘米。花冠裂片（即花瓣）较多，13–18 片，基部呈覆瓦状联合排列成两层，内层 4–8 片，外层 7–10 片。花瓣长约 1.1 厘米，宽约 1 厘米。雄蕊 2 枚，雌蕊 1 枚。花洁白纯净，蜡质明显，花香较浓烈，吐香较迟而慢。花蕾开放时间较单瓣茉莉迟 2 小时左右，伏花一般在晚上 8–9 时左右开放，自然吐香可延缓十几小时。每百朵花重，春花约 23 克，伏花约 30 克，秋花约 26 克。

用双瓣茉莉花窨制的花茶香气醇厚浓烈，虽不及单瓣茉莉花茶鲜灵、清纯，但双瓣茉莉枝干坚韧，抗逆性较强，较耐寒、耐湿，易于栽培，单位面积产量高，目前我国各地种植的主要是双瓣茉莉。在广西横州种植，可当年种当年采，每0.067公顷鲜花产量可达150–200千克，3年生每0.067公顷产量在500千克左右，5年以上一般每0.067公顷可达800–1000千克左右，最高产的可达1500千克以上。

3. 重瓣茉莉

重瓣茉莉也称多瓣茉莉，枝条有较明显的疣状突起。叶片浓绿，花蕾紧结，较圆而短小，顶部略呈凹口。花冠裂片（花瓣）小而厚，且特别多，一般16–21片，基部成覆瓦状联合排列成3–4层，开放时层次分明。雄蕊2–3枚。

多瓣茉莉的伏花多在晚间7–8时开放，多是先开1–2层，其余次日才开完。也有不开放而凋谢的。多瓣茉莉花开放时间拖得很长，香气较淡，产量较少，作为窨制花茶的鲜花不甚理想。但其耐旱性强，在山坡旱地生长健壮，如通过与优良的单瓣或双瓣茉莉品种进行杂交选育（或嫁接），很可能获得抗性强、质量好、产量高的茉莉花新品种（新茉莉）。

图 2　鸳鸯茉莉（央广网记者 郑楚豫 摄）

（二）茉莉花按品种可以分为虎头茉莉、宝珠茉莉、菊花茉莉、狮头茉莉、笔尖茉莉、紫茉莉、重瓣臭茉莉、菊花茉莉、鸳鸯茉莉、狮头茉莉、毛茉莉、

野茉莉等。

1. 虎头茉莉

虎头茉莉是一种变异品种的茉莉花，基因不稳定容易发生异变。虎头茉莉属于重瓣茉莉的一种，花朵容易变异，正常花朵的花瓣在 50 瓣以上，叶子为三叶轮生，变异后为 4~8 叶不等。

图 3　虎头茉莉（图片来源：网络）

2. 宝珠茉莉

宝珠茉莉是茉莉花的常见品种，属于灌木，植株通常比较高，枝条细而有棱角，有时还会有绒毛。叶片通常呈椭圆形，叶子微微皱起，叶柄短而带点往上的弧度。

图 4　宝珠茉莉（图片来源：网络）

3. 菊花茉莉王

菊花茉莉王是茉莉中较大的品种，属于中班花卉，开花较大，开花层数多。它的特点是花苞饱满，呈三角形状，叶子颜色较深，具有一定的光泽。菊花茉莉王是最常被做观赏性植物养殖的，还可以用来制作茉莉花茶，具有清肝明目、排热解毒的作用。然而，菊花茉莉王的扦插成活率较低，不如普通的茉莉。总的来说，菊花茉莉王是一种适合观赏和制作茉莉花茶的品种。

4. 狮头茉莉

狮头茉莉是一种茉莉的变异品种，花苞在晚上的 7–8 点开始生长，到第二天的清晨才能完全盛开，花朵小巧，花香较淡，叶片较为浓绿。

图 5　狮头茉莉（图片来源：网络）

五、茉莉花香

茉莉花为什么这么香?

（一）真娘传说

真娘，本名胡瑞珍，唐代歌妓、苏州名妓，出生于京都长安一书香门第。从小聪慧、娇丽，擅长歌舞，工于琴棋，精于书画。为了逃避安史之乱，随父母南逃，路上与家人失散，流落苏州，被诱骗到山塘街“乐云楼”妓院。因真娘才貌双全，很快名噪一时，但她只卖艺，不卖身，守身如玉。其时，苏城有一富家子弟叫王荫祥，人品端正，还有几份才气。偏偏爱上青楼中的真娘，想娶她为妻，真娘因幼年已由父母作主，有了婚配，只得婉言拒绝。王荫祥还是不罢休，用重金买通老鸨，想留宿于真娘处。真娘觉得已难以违抗，为保贞洁，悬梁自尽。王荫祥得知后，懊丧不已，悲痛至极。斥资厚葬真娘于名胜虎丘，并刻碑纪念，载花种树于墓上，人称“花冢”，并发誓永不再娶。人们雅士每过真娘墓，对绝代红颜不免怜香惜玉，纷纷题诗于墓上。

传说茉莉花在真娘死前没有香味，死后其魂魄附于花上，从此茉莉花就带有了香味，所以茉莉花又称“香魂”，茉莉花茶又称为“香魂茶”，虎丘周边的花农以此窨茶制成茉莉花茶。

（二）化学解析

茉莉花的释香属于生物化学变化，花中的香气成分是由花香前体物质在温度、水分、氧气等作用下经生物酶水解释放出来。在茉莉花的开放过程中，其特征性香气成分逐步被释放出来，主要是酶促反应的进行，但不同的香气成分生成途径有所差异。酯类是茉莉花开放时最先释放的成分，研究表明，它的来源途径可能是氨基酸转化、脂肪酸氧化以及单糖转化。而芳香醇和萜烯醇类等可能来源于莽草酸和甲瓦龙酸途径，还有一种是糖苷类前体物质的水解。茉莉花特征性成分如芳樟醇、苯甲醇和苯乙醇的糖苷类前体化合物已被证实存在。

不同品种茉莉花香气成分组成和含量有所差异。单瓣茉莉花在香气上高于双瓣和多瓣茉莉花，香气品质最佳。单瓣茉莉花香气浓郁、香势强；双瓣茉莉花香气浓郁、香势微弱；多瓣茉莉花香气浓郁、香势较弱。研究发现，单瓣、双瓣和多瓣 3 种茉莉花的精油成分的香气成分组成差异不大，单瓣茉莉有 39 种成分，其他 2 种均含 38 种成分，均含萜类、酯类、烷烃类、醇类和吲哚类化合物；但在主香成分（对 – 孟 –3– 烯 –1– 醇、（–）– 异喇叭烯、α – 长叶蒎烯）的含量上差异较大，单瓣茉莉为 61.56%、双瓣茉莉为 52.12%、多瓣茉莉为 43.07%。茉莉花的主要香气成分是决定茉莉花香气浓度的基础。香气成分的相对含量越高，浓度也就越高，香气品质就越好。因此，单瓣茉莉花是生产上加工的首选品种。

按鲜花的吐香特性可分为气质花和体质花两大类。气质花的香气物质伴随花的开放而形成和散发，即花朵不开不吐香，只有开放才吐香，开完后也就不再有香气。体质花的吐香与生命活动关系不大，不开也香，开了更香，开完还有余香。

茉莉花为气质花，茉莉花的香气成分是在开放过程中逐步释放出来的，香气浓度有个逐渐增强的过程。因此，不同开放程度的茉莉花香气成分组成和含量是有差异的。分析表明，茉莉花在开放期的香气成分含量最高，这与感官上的香气浓度最高呈正相关。因此，选择花蕾成熟期的茉莉花采摘，待茉莉花微开后进行加工利用是最适宜的。

图 6　笔尖茉莉（央广网记者 郑楚豫 摄）

第二节　茉莉花在我国的传播历史

一、茉莉花种植区域的变化

茉莉花无论是从波斯还是印度引进中国，其原产地多为热带、亚热带地区，性喜炎热，不耐低温。在气温已经低到了零摄氏度的时候即会有冻害情形，而若是低于 10 摄氏度的话，则生长将会处在停滞之中，到 19 摄氏度的时候它的芽则会萌动，超过了 25 摄氏度的话，则会开始孕蕾，32—37 摄氏度是开花的最适温度。

茉莉最初传入我国因其习性只在岭南一带可越冬的地区生长，因为花瓣洁白无暇，香味淡雅而沁人心脾被人们所喜爱，后由南向北传播播种，由于北方地区冬季寒冷，所以茉莉多以盆栽形式种植，人们逐渐培育总结经验，此后茉莉花逐步扩大种植范围也就在文献中出现频繁，品种逐渐增多，并由最初的只在南方一带种植向北逐步发展。

（一）隋唐时期

晋代嵇含的《南方草木状》中记载了，耶悉茗花以及茉莉花都是当时的胡人从当时的西方诸国输入到了南海的。南海人因为怜其芳香的缘故，故而开始植之。茉莉花，似蔷蘼之白者，香愈于耶悉茗。唐朝段成式在其著作中对于“野悉蜜”的描述：茉莉起源于林国，同样在波斯国也可以寻见。其长成的苗体大约为七八尺，跟梅叶很相似，一年四季都很茂盛。茉莉花花色呈现白色五瓣，花中没有种子。波斯国经常将其拿来碾碎，压以为油，做成香囊，效果很好。

所以自茉莉花被引种后，种植多分布在华南地区。

（二）宋元时期

北宋诗人叶廷珪在泉州任职时作了诗歌《茉莉》一首：“露华洗出通身白，沈水熏成换骨香，近说根苗移上苑，体渐系出本南荒。”这一点证明了茉莉花在那个时候已被福建花农广泛种植。

北宋宣和年间，宋徽宗营造艮嶽，其内种植八大芳草，即金蛾、玉蝉、虎耳、风毛、素馨、渠那、茉莉、含笑。这时茉莉已经引种至河南。

在《乾淳岁时记》之中曾有点到，说宋孝宗每每在禁中避暑的时候大多会待在复古和选德等殿内、或是于翠寒堂处来进行纳凉，每到此时常常会在广庭处置放茉莉花和素馨等等南花大概达几百盆，同时还会鼓以风轮以便于令其香能够满溢殿中。南宋诗人杨万里曾作月在荔枝梢上，人行茉莉花间；但觉胸吞碧海，不知身落南蛮。这是诗人任提举广东常平茶监、广东提点刑狱等职时走遍南粤所作诗篇之一，写到岭南的花卉让他陶醉不已，兴到神来，竟然忘记自己身在南粤。

南宋地理学家周去非在广西为官6年，后撰成《岭外代答》，其中列“花木”门记述广东、广西两地多种花木，其中就有茉莉花，“茉莉花，番禺亦多，土人爱之。以浙米浆日溉之，则作花不绝，可耐一夏。”这是描述茉莉花在此处多有种植，受人喜爱。

（三）明清时期

明杨慎《丹铅录》中记载“都人簪素花，即今末利花也。是花夜开，惟闽中有之。”明皇甫仿曾作萼密聊承叶，藤轻易绕枝。素华堪饰鬟，争趁晚妆时。而陶谷也对此也有详尽的记载，提及到南汉时期素来是“地狭力贫”的，无法自行地去揣度，由于尚有傲志的关系，每每见到北人时即会听闻对岭海之强的不腻盛赞，因而世宗才差遣人员入于岭中，后有人送来茉莉花，当时它的名字还是“小南强”。

明末清初时期有名的画家王士禄曾写过一首诗《咏茉莉》，其中盛赞茉莉花冰雪犹如容玉，柔淑气质犹如“傍锁窗限”，并称其香似是从清梦之中仍令人有所回味，而其花则犹如是朝着美人的头上绽放。就连许棐都曾作诗盛赞茉莉花，赞其有情味、其香令人魂牵梦绕。在《西安县志》之中则称茉莉花在夏月时节开花，其性为畏寒而类如建兰，赞其有药用之功能，并指出其“邑中处处有”。

在《江西通志·赣州府志》之中则对茉莉花的具体由来以及它的种植盛况作了相当详尽的描述，茉莉花原本来自于波斯（古伊朗），木本在此之中为最贵的，藤本则仅次于木本，当时还另外有鬼子茉莉，极为繁多，同时也从粤中而来，并非来自于当时的江西，但江西常有种之，且当时种植茉莉花的江西花农已达千万计，而茉莉花的交易亦已相当频繁，令其业颇为发达，茉莉花农收益不俗。其中还提到，若说茉莉种植的最为繁盛的地方，当属那个时期的江西，在那里有众多的茉莉花农，他们普遍用船只来送货，将其送到江淮等地，以此得利。此外还有一些名贵的茉莉花来自于粤地，而由当时的江西人发扬光大。

《浙江通志》引《消夏录》记载："临安六月，士女泛湖，多插茉莉。"《临安夏日》记载："萧鼓声中日正长，繁华依旧属钱唐，晚来帘幙薰风细，十里天街茉莉香。"《余姚县志》引郑真《姚江晚渡》诗云："晚凉儿女临江坐，鬓髪都簪茉莉花。"《瓯江逸志》记载："温州地气和暖，故茉莉最盛，东间置檐下，不畏风，不须遮护，逢春叶甚茂，有高一二丈者，开花无算，其小者亦丈许，花亦不可胜纪。"

而直至清代，茉莉自南向北各省多有种植，在福建、广东、广西、云南、贵州、湖南、江西、浙江、江苏、安徽、湖北、四川、甘肃、陕西、河南、山西、山东、河北等各地方府志县志中多有记载。

（四）大规模种植

茉莉花虽然在我国的栽培历史很长，但大规模商业化种植生产始于19世纪50年代，至今约150多年历史。伴随着茉莉花茶的窨制生产，茉莉花开始大面积种植。19世纪末20世纪初，福建福州市及闽侯、长乐两县生产茉莉花达3000吨，为当时全国最大产区。而后由于战乱，茉莉花生产一度萎缩。上世纪50年代江苏虎丘也曾经是国内最大的茉莉花种植基地。到上世纪80年代，浙江金华成为茉莉花最大的产地。目前，我国茉莉花产地主要有广西横州、福建福州、四川犍为、云南元江、江苏苏州等地。

1. 广西横州

横州市种植茉莉花历史悠久，始于明代，距今已有六七百年的历史。明嘉靖四十五年（1566年），横州州判王济在《君子堂日询手镜》中记述，横州"茉莉甚广，有以之编篱者，四时常花"。明《横州志·物产》也有类似记载。明朝诗人陈奎咏做诗云："异域移来种可夸，爱馨何独鬓云斜，幽斋数朵香时泌，文思诗怀妙变花。"说的就是茉莉花。

横州茉莉花商品化生产始于20世纪70年代末。1978年，党的十一届三中全会后，当时的横州茶厂（1992年改制为"广西金花茶业有限公司"）根据茉莉花的生物特性与市场发展趋势，结合横州的气候条件，决定大力发展茉莉花生产。从福州引进双瓣茉莉花种苗，在县城附近的农户试种并逐步推广，取得了较好的经济效益和社会效益。

图 7　横州中华茉莉园（图片来源：横州市职业技术学校）

经过 40 多年的发展，横州茉莉花产业已经形成规模化、集约化、产业体系发展较成熟的特色产业。到 2022 年横州市茉莉花种植面积达 12.8 万亩，涉及农户 6.87 万户，花农 34 万人，年产茉莉鲜花 10 万吨，占全国总产量的 80%。横州茉莉花产量已连续多年位居全国第一，茉莉花已成为横州市人民的致富花、幸福花。

2. 福建福州

福州茉莉花栽培历史几乎与古城福州历史一样悠久。据《中国植物志》记载，茉莉花原产印度，西汉传入中国时就在福州落户，已有 2000 年的栽培历史。宋朝时，福州已普遍栽培茉莉花。北宋福州知府蔡襄诗云“素馨出南海，万里来商舶，团栾茉莉丛，繁香暑中折”。宋代叶廷珪“露华洗出通身白，沉水熏成换骨香”赞的就是茉莉花。宋代张邦基《闽广茉莉说》记载，“闽广多异花，悉清芬郁烈，而茉莉为众花之冠”；宋 · 梁克家《淳熙三山志》称茉莉花“独闽中有之，夏开，白色、妙丽而香”。南宋隆兴乾道年间（1163–1173 年），楼钥《次韵胡元甫茉莉》一诗中有：“吾闻闽山千万木，人或说此齐蒿莱。”

20 世纪 80 年代中期至 90 年代中期，福州茉莉花茶生产遇到发展好时机，茉莉花种植面积近 10 余万亩，茉莉花茶产量 6 万多吨，产品远销 40 多个国家，出口量居全国之冠。1985 年，福州市政府将茉莉花定为市花。20 世纪 90 年代中期以后，随着福州旧城区的改造和城市化进程，大量的茉莉花生产基地消失，茉莉花种植面积缩小，茉莉花产量下降。

2009 年，福州市开始对连片新植茉莉花生产基地给予财政补贴，持续恢复、保护丘陵山地和部分平原地块用于种植茉莉花，保护茉莉花最适宜种植区域，并对种植基地实行了分级保护，同时亦逐步增加新植茉莉花基地补贴。到 2022 年，福州地区的茉莉花种植面积达 1.5 万亩，辐射周边面积 1.8 万亩。

3. 四川犍为

茉莉花是犍为县县花。犍为种植茉莉花历史悠久，距今已有 300 多年历史。据清乾隆五十二年版《犍为县志》（物产志 –1787 年）记载，“花之属有桂，种类繁多。有金桂、银桂、茉莉”清嘉庆十九年版《犍为县志》（物产志 –1814 年）记载有，“蝉花、茉莉花”进一步证明了犍为县种植茉莉花历史悠久。清乾隆三年（1738 年），犍为县八大富商为扩大商务，派员到福建沿海等地考察，从福建福州引回茉莉花种苗数千株，种植在清溪镇筒车坝，并将茉莉花加入绿茶中，形成独具特色的茉莉花茶。清乾隆二十八年（1763 年），曾任朝廷巡抚、四品道台的李拔（四川犍为人）从福州差人运回数千株茉莉花种植在犍为南门坝，并建有“茉莉园”，以赏花养性，用花窨茶，进一步扩大了犍为茉莉花的种植区域。清代犍为女诗人刘云溪曾有“奇葩片片逐香尘，社鼓饧箫闹玉津”的诗句，讲述了采摘茉莉花、庆祝丰收的场景。民国中期，犍为清溪人石瑾卿自制茉莉花茶销往成都，收入可观，从此茉莉花种植和花茶加工不断发展壮大。

近年来，犍为县紧紧抓住“川中茉莉花茶集中发展区”“犍为—沐川—马边 80 万亩绿色生态茶产业带”的发展机遇，采用“山上种茶、山下种花、花茶结合”的模式，按照“基地规模化、农业园区化、产业集群化”全链条发展的思路，出台一系列产业扶持政策，初步形成种植、加工、市场、旅游为一体的全产业链融合发展格局。如今，犍为县是仅次于广西横州的中国茉莉花第二大产区。全县种有 8.6 万亩茉莉花，2022 年产量 2.15 万吨，产值达 7.7 亿元。

4. 云南元江

云南省的茉莉花，大多分布在元江、澜沧江流域，主要集中在元江县、昌宁县和思茅港等地，元江是云南最大的茉莉花主产区。自 1998 年从广西横州（原横州）引种双瓣茉莉花以来，元江县已有 20 余年的茉莉花产业发展历史。

元江县也是中国茉莉花开花最早、花期最长、单产最高、质量最优的茉莉花种植区，加工花茶比广西横州节约花量 10%左右，加工出的花茶品质好。2022 年，元江茉莉花种植面积 0.4 万亩，产量 0.24 万吨

5. 江苏苏州

苏州素有“茉莉花城”之称，是全国驰名的茉莉花产地，从解放初期始，苏州茉莉花茶开始出口，外销香港、东南亚、欧洲、非洲等二十多个国家和地区。在国际上享有很高的荣誉，闻名海内外。

二、茉莉花的栽培用途的变化

茉莉花最初只有在佛教寺庙、皇室家族才能栽植茉莉，古代妇女有用茉莉花簪花的习俗等；宋朝时民间经济发达，中国与波斯等地的通商远胜六朝，与南海商船靠季风往来，当权者重视文化立国，茉莉出现了民间种植，人们墨客也逐渐开始关注、赞咏茉莉；明清时期，《本草纲目》记载茉莉已入药用，歌曲《茉莉花》歌词也有了明文记载，随后茉莉花茶、香料也开始发展，茉莉花得到广泛种植；加之近年来在百姓生活中不可或缺的茉莉花元素（茉莉花茶、如茉莉精油、茉莉化妆品），使得“茉莉花”逐步渗透并丰富了人们的物质和精神生活。

（一）佛教用花

茉莉因其自有的品性纯洁以及迷人之香，在印度始终都被看作是佛教的宗教吉祥物。就在阿旃陀壁这一幅名画之中，菩萨所戴有的宝冠之上即有着镂金修饰的茉莉。白色茉莉所象征的是圣洁，而且它的香味相当浓、厚，许许多多的佛香通常也是采用该花来当成是制作香料的原料，它受到了很多僧人的喜爱。佛家认为“香为佛使”，所以无论是日常诵经打坐、传戒、放生，还是佛像开光、浴佛法会、水陆法会，焚香上香，都是必不可少的内容。“素馨欲开茉莉折，底处龙涎示旃檀。”

传入中国后，茉莉花也仍是祭祀花卉之一，是佛教的象征。唐朝时，李群玉就曾经写过天香开茉莉，梵恕落菩提这样的诗句。宋朝统治者提倡佛教，“浮屠氏之教有俾政治”当时不少士达夫都与僧人禅师来往密切，佛教融合甚密。笙龄在《茉莉花春秋》中指出：“山西五台山的佛教为东汉永平十一年印度高僧摄摩腾、竺法兰传入，域外的茉莉随之传入。”“茉莉花香味浓郁，沁人心脾，花

色洁白，被视为圣洁，不少佛香都拿它来做原料，深受僧众的喜爱。”，而后普乐的一些僧者就谱出了基于茉莉这一原型的经典佛乐《八段锦》，用来表达对于茉莉的咏颂。当僧者们开始去云游四方时，这首曲调亦随其而传颂至江南地区，同时相当快地就以它的流畅曲调以及脍炙人口获得了当地人的深深的喜爱。因而此后又经人作了一些加工，逐渐地在江南地区甚至是全国各地流行起来，成为了一曲相当有名的江南名歌。

实际上，古时候的诗人早早地就已对茉莉与佛教间的紧密关联加以传达了。譬如说宋时的王十朋就曾在其《茉莉》之中写道茉莉名佳花亦佳，远从佛国到中华。老来耻逐蝇头利，故向禅房觅此花。可见，茉莉之香郁实际上就是一种绝佳清凉剂，可以令人脱离权与名的诱惑，保有着精神上的清醒。还有，蒋延桂在其诗作之中有云：“名字惟应佛书见，根苗应逐贾胡来。”可见，茉莉花担当着文化传播的重任，是佛教最初传入到我国的整个过程的见证者。不过，茉莉被引入到了我国之后，它被当成了佛教供花之中的一种风俗实质上并没有获得好的推广，乃至于渐渐地已经在寺中用花中悄然淡去。

图 8　茉莉花手串（图片来源：横州市职业技术学校）

（二）园林观赏

茉莉花叶片四季翠绿，花朵洁白淡雅，散发浓郁的香味，在春夏季节开放，四季显得生机勃勃，为常见庭园栽培及盆栽观赏芳香花卉。茉莉花“翠叶光如耀，冰葩淡不妆”，花朵洁白玉润，香气清婉柔淑，可用于摆放赏花，适宜家庭栽植。

宋代开始，一些笔记中开始出现关于茉莉栽培方法的记载，如范成大《桂海虞衡志》中就提到：“以淅米浆日溉之，则作花不绝，可耐一夏。花亦大且多叶，倍常花。六月六日又以治鱼腥水一溉，益佳。”这是说栽培茉莉时，需要用“淅米浆”，即淘米水日日灌溉，这样就能在整个夏天都开得很好。到农历六月六日左右，再用“鱼腥水”进行一次灌溉，那就更好了。“鱼腥水”是指洗剖鱼剩下的鱼鳞、鱼鳃、鱼肠、鱼鳍或鱼尾及血液和水等充分发酵后的水，相当于液体肥料，是有利于植物生长的。元代汪汝懋的《山居四要》中曾提及：“以鸡粪拥之则盛。”即用鸡粪浇灌也是有益于茉莉生长的。

早唐时候，福建家家篱落有茉莉。唐代的丁儒《归閒诗二十韵》节录“茉莉香篱落，榕阴浃里闉。雪霜偏避地，风景独推闽。”那茉莉开遍芬芳了篱落，那榕树长遍了街道。这里没有霜雪，最美四季如春的风景，最美的风景就在福建。丁儒是早唐人，他的老家并不在南方，但是他20多岁之后，他是跟着唐朝的军队进入福建地区，将余生留在了福建。明代汪广洋的《岭南杂咏》“榕树阴阴集莫鸦，竹深人静似仙家芭蕉小苑垂双实，茉莉南州压万花。”夜晚榕树绿荫深浓，树上已经栖息了鸦雀。竹林深处的人家静幽舒适，园圃里树枝上挂满了芭蕉，那茉莉花开得正艳，可算是南方第一花。

一直以来茉莉都是南方特产，宋代茉莉花盆栽还作为贡品运往京城。宋代吕本中《茉莉花》“花似细薇香似兰，已宜炎暑又宜寒。心知合伴灵和柳，不许行人仔细看。”这些茉莉在南方很常见，但是作为贡品送去皇宫的茉莉，别有齐整惊艳，只让人匆匆一看，不让人仔细端详。这首诗的诗题“邵伯路中途遇前纲载茉莉花甚众舟行甚急不得细观也又有小盆榴等皆精妙奇靡之观因成二绝其一”。我在扬州邵伯路遇见前面的船，是往京城皇宫运用贡品，上面载着很多茉莉花。这些进贡的船只行走得特别急，所以来不及细看，那船上还有小盆石榴，都长得特别可爱，所以我要写诗。

“天晴空翠满，五指拂云来。树树奇南结，家家茉莉开。”天气晴朗，五指山一片明朗的青翠，好像五个手指将云彩拂动。到处是结满了果实的奇南树，家家户户都开着清香的茉莉花。这是南国独具风味的夏天，处处飘散着茉莉花的香味，令人沉醉。这首明代屈大均《阳江道上逢卢子归自琼州赋赠》写出了当时海南就家家种植茉莉花了。

清代皇家园林也栽种有茉莉花，清弘历《夏日香山静宜园即事四首 其二 》“绿树成帷白玉台，每从疏隙见崔嵬。蕙兰草是三湘佩，茉莉花原六月梅。幽籁静中观水动，尘心息后觉凉来。梨园小部翻嫌闹，此处惟应泉石陪。”乾隆皇帝用了比喻茉莉花是六月盛开的梅花啊。那绿色的叶子风中如水，那清凉的花香，带来炎热中的清凉。在这样的茉莉花树下，所有的丝弦都觉得俗气和闹腾，我愿意静静站在这里，陪着茉莉和石泉。

图 9　中华茉莉园（图片来源：横州市职业技术学校）

（三）制香

茉莉凭借其浓烈香味的优势，可以用来制香。“茉莉千瓣，香尤酷烈”赞其香之浓烈，“虽无艳态惊群目，幸有清香压九秋”（［宋］江奎《茉莉》）夸其香之清芬，“南花宜夏不禁凉，犹绕珍丛觅旧香”（［宋］范成大《王正之提刑见和茉莉小诗甚工。今日茉莉渐过，木犀正开，复用韵奉呈二绝》）咏其香之久远。唐朝时茉莉香已进入文学领域，当时平康名妓赵鸾鸾在《檀口》里借茉莉香写女子貌美惊俗："衔杯微动樱桃颗，咳唾轻飘茉莉香"。自宋朝起人们便从其生物特性和文化情感等方面对茉莉香进行全方位赏析，如："西域名花最孤洁，东山芳友更清幽"（［宋］王十朋《茉莉》）赞美其香之卓尔不群，"闽雨揉香摘未稀，钩簾顿觉暑风微"（［宋］方岳《茉莉》）描写微雨中摘茉莉的浪漫情调。江奎曾放言"他年我若修花史，列作人间第一香"（《茉莉》）。茉莉之香雅俗共赏，融梅之清、兰之雅、玫瑰之甜郁于一体，广为人爱。人们常将其置于枕边长梦相伴，如："消受香风在凉夜，枕边俱是助情花"（［清］徐灼《茉莉花》）。君子闲雅之士视茉莉为抚琴弄花之伴侣以修身养性，古人认为"弹琴对花惟岩桂、江梅、茉莉……等香清而色不艳者方妙"。茉莉古来已用之于熏香，清朝戴坤元有诗"待茉莉熏香，桄榔糁粉"（《摸鱼儿》），茉莉熏香有助于睡眠。

明代汪广洋有诗句"石鼎微熏茉莉香"，就是写的茉莉的香薰作用。很多香谱中制香的原料里面都不乏茉莉。此外，茉莉还经常代替其他花卉成为制作香料、香水的原料。如宋代陈善的《扪虱新话》中提到制作龙涎香时，如果没有素馨花，就可以用茉莉来代替。宋代宋蔡绦的《铁围山丛谈》中记载了制作蔷薇水的方法："旧说蔷薇水乃外国采蔷薇花上露水，殆不然，实用白金为甑，采蔷薇花蒸气成水，则屡采屡蒸，积而为香，此所以不败，但异域蔷薇花气馨烈非常，故大食国蔷薇水虽贮琉璃缶中，蜡密封其外，然香犹透彻闻数十步，洒着人衣袂，经十数日不歇也。至五羊效外国造香则不能得蔷薇，第取素馨、茉莉花为之，亦足以袭人鼻观。但视大食国真蔷薇水，犹奴尔。"蔷薇水的制作原料是蔷薇花上的露水，经过一系列的蒸采保留下激烈的香味。而当没有蔷薇作原料时，也能用茉莉代替蔷薇，虽然效果可能远不及蔷薇，但也能制作香料。

（四）制茶制酒

除了制作香料，茉莉在古代还大量应用于制茶、制汤、制酒。明代高濂曾编写过一部养生著作《遵生八笺》，其中就记载了茉莉、木犀、蔷薇等花都能制茶。具体做法是："诸花开时，摘其半含半放蕊之香气全者，量其茶叶多少，摘花为拌。"即取适量花与叶相拌，但要注意花的用量，花放入太多就会过于香，从而"脱茶韵"，花放入过少就会没有香味，导致"不尽美"，最好的比例是"三停茶叶，一停花"。《遵生八笺》中还提到了茉莉茶的另一种制作方法："将蜜调涂在椀中心抹匀，不令洋流。每于凌晨采摘茉莉花二三十朵，将蜜椀盖花，取其香气薰之，午间去花，点汤甚香。”其中“点汤”即加入沸水泡茶，是古时人们泡茶的专称。《遵生八笺》中记载的这种茶是茉莉蜜茶。高濂《野蔌品》当中还提到茉莉叶与豆腐同煮，味道绝佳。

清咸丰年间，福建茶商受茉莉花熏制鼻咽的启示，试用其来熏制茶叶，制得清新宜人的茉莉花茶。

图 10　茉莉花茶（图片来源：网络）

在民间，茉莉花茶被称为“报恩茶”。传说有一年冬天，北京茶商陈古秋邀来一位品茶大师，研究北方人喜欢喝什么茶，正在品茶评论之时，陈古秋忽然想起有位南方姑娘曾送给他一包茶叶还未品尝过，便寻出那包茶，请大师品尝。冲泡时，碗盖一打开，先是异香扑鼻，接着在冉冉升起的热气中，看见有一位美貌姑娘，两手捧着一束茉莉花，一会儿又变成了一团热气。陈古秋不解地问大师，大师笑着说：“陈老弟，你做下好事啦，这乃茶中绝品‘报恩仙’。”原来此茶是三年前陈帮助过的一位女子托人转送的。陈古秋一边品茶一边根据眼前出现的情景悟道：“依我之见，这是茶仙提示，茉莉花可以入茶。”次年陈古秋便将茉莉花加到茶中，果然制出了芬芳诱人的茉莉花茶，深受北方人喜爱，从此喜茶的人们便又能喝到一种新的茶叶品种——茉莉花茶了。至此，茉莉花茶产业链逐渐形成，茉莉花开始了大规模的商品化种植。

图 11　茉莉花酒

茉莉花酒一种用茉莉花熏的香酒。根据明代冯梦祯《快雪堂漫录》记载，“用三白酒或雪酒色味佳者，不满瓶，上虚二三寸……新摘茉莉数十朵，线系其蒂，悬竹下，令其离酒一指许，贴用纸固封，旬日香透矣”。（用上等的三白酒或雪酒，把酒倒在瓶子里，但不要倒满，要离瓶口二、三寸。然后用竹片编成“十”字或“井”字形，平放在瓶口上。这时把新摘的茉莉花数十朵，用线绑好花蒂悬挂在瓶口竹片上，使花与酒液面保持一指左右的距离，然后用纸把瓶口封好。十天后，茉莉花的香味就透到酒中去了。）这种酒熏好后，香味浓郁，远胜他酒。又有一种双料茉莉花酒，是在此酒的基础上重复用茉莉花熏一次，故尤其珍贵。

清代方以智的《物理小识》就提到：“作格悬系茉莉于瓮口，离酒一指许。纸封之旬日，香彻矣”。即把茉莉悬挂在酒瓮内，用纸封实十天左右，茉莉酒就制作成功了。

（五）美白美妆

除了食用价值外，茉莉在中国古代还被广泛用在美白、消暑、安眠、麻醉等方面。《金瓶梅》第二十七回当中就多次提过茉莉的美白功能：（潘金莲）问西门庆："我去了这半日你做什么？恰好还没曾梳头洗脸哩。"西门庆道："我等着丫头取那茉莉花肥皂来我洗脸。"金莲道："我不好说的巴巴寻那肥皂洗脸，怪不的你的脸洗的比人家屁股还白。"原来妇人因前日西门庆在翡翠轩夸奖李瓶儿身上白净，就暗暗将茉莉花蕊儿搅酥油定粉，把身上都搽遍了。搽的白腻光滑、异香可爱，欲夺其宠。前一段写潘金莲质问西门庆在她不在的这段时间做了什么事，西门庆隐瞒了他与李瓶儿的交欢之事，借口说在等丫头取茉莉花肥皂来洗脸。这段虽然不是直接写茉莉的功能，但也是侧面反映出当时人们用茉莉花制成肥皂来浣洗的习惯。第二段写潘金莲因为西门庆夸李瓶儿皮肤白心生醋意，便偷偷把茉莉花和酥油搅拌搽满身体，达到美白的效果，从而勾引西门庆。这两段都透出出了茉莉的美白功能。

（六）消暑纳凉

茉莉的消暑功能在很多笔记中都有记载，无论是宫廷还是民间消暑纳凉都会借助茉莉。宋代周密《武林旧事》中写到"禁中纳凉"是这样的情况：禁中避暑，多御复古、选德等殿，及翠寒堂纳凉。长松修竹，浓翠蔽日，层峦奇岫，静窈萦深，寒瀑飞空，下注大池可十亩。池中红白菡萏万柄，盖园丁以瓦盎别种，分列水底，时易新者，庶几美观。又置茉莉、素馨、建兰、麝香藤、朱槿、玉桂、红蕉、阇婆、薝葡等南花数百盆于广庭，鼓以风轮，清芬满殿"。在夏天的宫室内，经常通过鼓动风轮，来给大片像茉莉这样具有香气的花卉散发芳香，使得香气沁人，生清凉之意。

（七）药用

茉莉还有助眠的功效，黄图珌《看山阁集》中就称："宜植盆中，置之榻边，可作冷香清思之梦"。但也有很多古籍中提到茉莉不适合安放在床头，其香易引来蜈蚣。

茉莉花根具有一定的毒性，古人用其来为病人麻醉。《致富奇书》中就有相关记载：取根，酒磨一寸服之，昏迷一日；二寸，两日；三寸，三日。今医生用此接骨，则不知痛。其中可以看出茉莉根的毒性。简言之，服用和酒磨的茉莉根量越大，昏迷的时间就越长。但是利用这一点，古代大夫可以在一些接骨等手术中借助茉莉根的毒性来麻醉病人，减少患者疼痛感。总而言之，茉莉在中国古代生活中扮演着一个重要的角色，与中国古代的物质生活息息相关。

目前，茉莉花大部分仍然是用来制作茉莉花茶，少部分用作园林观赏、饮食、药用、提取精油和香水。

本章小结

本章主要介绍了茉莉花的起源和传播历史，介绍了茉莉花名称起源、原产地以及中国茉莉花的起源和品种。此外，本章还通过茉莉花种植区域的变化和茉莉花栽培用途的变化来了解茉莉花在我国的传播历史。

课后思考题

一、填空题

现在一般按外形把茉莉分为三类：即__________、__________和重瓣。

窨制茉莉花茶主要是用________茉莉。

2022年横州市茉莉花种植面积达12.8万亩，涉及农户6.87万户，花农34万人，年产茉莉鲜花10万吨，占全国总产量的________。

“宜植盆中，置之榻边，可作冷香清思之梦”说明茉莉花有　　的功效。

________是仅次于广西横州的中国茉莉花第二大产区

二、选择题

汉代陆贾《南越行纪》中记载：“南越之境，五穀无味，百花不香，此二花特芳香者，缘自胡国移至，不随水土而变，与夫橘北为枳异矣。彼之女子，以彩丝穿花心以为首饰。”从这篇记载可以看出，陆贾认为茉莉花是从（　）传入中国的。

A 波斯　　B. 印度　　C. 越南

2. 茉莉花品种及其丰富，在我国就有（　）多种。

A. 40　　B. 60　　C. 80

3. 茉莉花在我国的栽培历史很长，但大规模商业化种植生产始（　　）。

A. 18 世纪 50 年代　B. 19 世纪初　C. 19 世纪 50 年代

4. 云南省的茉莉花，大多分布在元江、澜沧江流域，主要集中在元江县、昌宁县和思茅港等地，（　　）是云南最大的茉莉花主产区。

A. 元江　B. 昌宁　C. 思茅

5.《致富奇书》中记载：取根，酒磨一寸服之，昏迷一日；二寸，两日；三寸，三日。今医生用此接骨，则不知痛。从中可以看出，古人利用茉莉花根的（　）来为病人麻醉。

A. 香气　B. 美白　C. 毒性

第二章　茉莉花与文学

花卉是中国古代文学作品中常见的意象，它除了具有文学、美学的价值，还有重要的实用价值。茉莉自从域外传入中国以来，就开始出现在人们所创作的文学作品和一系列类书、方志的记载当中。唐及以前的文学作品中较少涉及“茉莉”，六朝文学中不涉及“茉莉”，后代又常常把六朝文学中常出现“素柰”与“茉莉”混为一谈。到了唐代，《全唐诗》中出现了极少数的“茉莉”意象。自宋以后，茉莉成为了各类文学体裁包括诗歌、词、曲、赋、笔记、小说中很常见的意象，也出现了不少以茉莉为题材的文学作品。直至现当代，茉莉作为意象或题材仍频繁出现在文学作品当中。

第一节　花的寓意

花，是美的象征。人们往往透过花阐发联想，将特定的花卉与某种美好的意义联系起来，赋予不同的花朵不同的花语和寓意。

茉莉花的花语为忠贞、清纯、迷人，既可以作为爱情之花表达爱人之前的美好爱情，也可以作为友谊之花歌颂纯洁的友谊。

朱槿花体现了纤细美、体贴之美、永保清新之美，象征新鲜的恋情，微妙的美。朱槿花是中国广西首府南宁市市花，南宁国际会展中心主建筑穹顶造型便是一朵硕大绽放的朱槿花，12 瓣花瓣意喻广西 12 个少数民族团结在一起。

图 12　朱槿花

梅花先春而发，不畏严寒，与山茶花、水仙花、迎春花合称花中四友，与兰、竹、菊合称花中四君子，象征坚强不屈。

图 13　雪中寒梅

牡丹花又被称为“花中之王”，艳冠群芳，象征富贵兴旺。牡丹花在中国文化中有着重要的地位，被视为富贵、富贵的象征。牡丹花开放时，花朵绚丽多彩，色彩鲜艳，给人以富贵的感觉。在古代，牡丹花被视为国家的国花，象征着国家的繁荣和富裕。因此，牡丹花被广泛应用于庭院和家庭中，寓意着富贵吉祥。

图 14　牡丹花

菊花是一种常见的花卉，有着丰富的象征意义。在中国传统文化中，菊花被赋予了高贵、坚强、清高、孤芳自赏、冷傲、不屈不挠等多重意义。“采菊东篱下，悠然见南山。”陶渊明赋予菊花独特的超凡脱俗的隐者风范。唐末农民起义领袖黄巢的诗句“待到秋来九月八，我花开后百花杀。冲天香阵透长安，满城尽带黄金甲。”，菊花成了饱经沧桑的勇敢坚强的斗士，为民请命，替天行道。菊花俗称“花中君子”，与兰花、水仙、菖蒲合称花园四雅，冷艳幽香，象征傲骨高洁。

图 15 菊花

兰花历来被看做是高洁典雅的象征，并与“梅、竹、菊”并列，合称“四君子”。通常以“兰章”喻诗文之美，以“兰交”喻友谊之真。也有借兰来表达纯洁的爱情，“气如兰兮长不改，心若兰兮终不移”、“寻得幽兰报知己，一枝聊赠梦潇湘”。1985 年 5 月兰花被评为中国十大名花之四。

图 16 兰花

玫瑰花象征着纯洁的爱，美丽的爱情。康乃馨象征着伟大、神圣、慈祥、温馨的母爱。百合花象征百年好合、事业顺利、心心相印。薰衣草的花语是等待爱情，寓意为浪漫的爱情。

图 17　薰衣草种植园

第二节　诗词中的茉莉花

一、天香开茉莉

李玉群《法性寺六祖戒坛》

茉莉是佛教文化传承的载体。《全唐诗》中收有李群玉《法性寺六祖戒坛》：

“初地无阶级，馀基数尺低。

天香开茉莉，梵树落菩提。

惊俗生真性，青莲出淤泥。

何人得心法，衣钵在曹溪。”

诗中用典出自《妙法莲华经》“三千大千世界，上下内外种种诸香，须曼那华香，阇提华香，末利华香。”在佛国安详之地，到处都飘着花香，其中就有茉莉，茉莉是佛教天香。唐朝佛教兴盛，佛寺里种植印度寺庙常见的菩提，茉莉和莲花。唐朝李群玉在拜谒广州法性寺时，看到盛开的茉莉和巨大的菩提，写下了：“天香开茉莉，梵树落菩提。”赞叹法性寺继承了佛教和禅祖慧能的正宗衣钵。

茉莉花，与瑞香、忍冬和石榴一样，是佛教的四大圣树之一。它与佛教都是从印度传人中国的，与佛文化有源远流长的关系。茉莉花在佛书上名 " 鬘华 "，说它可以装饰秀发。由于它纯洁芬芳和美丽，在印度一直作为佛教的吉祥物。

在阿旖陀壁画里，菩萨的宝冠上就有镂金的茉莉花。随着佛教的东传，茉莉花也很早就传到我国。“风韵传天竺，随经人汉京。香飘山麝馥，露染雪衣经”。宋朝郑域的这首诗说明，茉莉花是在汉朝随佛经从天竺（印度）传人我国。宋朝蒋廷珪也有诗云：“名字惟应佛书见，根苗应逐贾胡来 "。宋朝王十朋的《茉莉》诗写道：”茉莉名佳花亦佳，远从佛国到中华，老来耻逐蝇头利，故向禅 房觅此花。" 这也说出了茉莉花与佛教的关系。

图 18　阿旖陀石窟壁画

佛教认为香与人的智慧、德性有特殊的关系，妙香与圆满的智慧相通相契，修行有成的贤圣，甚至能够散发出特殊的香气。据经书记载，佛于说法之时，周身毫毛孔窍会散发出妙香，而且其香能普熏十方，震动三界。所以，在佛教的经文中，常用香来譬喻证道者的心德。如《六祖坛经》中，慧能大师就是以戒香、定香、慧香、解脱香、解脱知见香讲述了五分法身之理。佛家认为香为佛使，香为信心之使，所以焚香上香几乎是所有佛事中必有的内容。从日常的诵经打坐，到盛大的浴佛法会、水陆法会、佛像开光、传戒、放生等等佛事活动，都少不了香。在佛家描述的极乐世界中，还有一个香积净，即香积世界、众香国。其处之佛为香积如来，以香开示众生，天人坐于香树下，闻妙香即可获得圆满的功德。以香花来供养佛，是佛教徒最常见的行为。

“天香开茉莉”，作为佛教四大圣花之一，说明茉莉自古就受到佛教徒的钟爱。古印度佛教徒认为，众多的花瓣需用绳子串连才不会被风吹散；同理，佛陀的言教也需要汇集起来，以便不会散失，流传后代。因此古印度总是将茉莉作为贡献的花，串成茉莉花环，供奉在佛像前，在阿旃陀壁画里，菩萨的宝冠上也有镂金的茉莉花饰。

图 19　茉莉花（图片来源：横州市职业技术学校）

二、列作人间第一香

宋代以后，茉莉出现了民间种植，人们墨客也逐渐开始关注、赞咏茉莉。茉莉花花色洁白、香气浓郁、姿态优美，出现了很多咏叹茉莉之美、茉莉之香的诗词。

（一）宋代江奎的《茉莉花》：

“灵种传闻出越裳，何人提挈上蛮航。

他年我若修花史，列作人间第一香。”

听说茉莉花出自于越裳国，是什么人将它带回了内地？如果有一天我能修著花史，一定要将它列作天下第一香，只因它当之无愧这样的美誉。诗人虽然没有描写香气如何袭人，也没有任何旁衬烘托，但一句“列作人间第一香”盛赞茉莉之香，写出茉莉的非凡。

（二）宋代许棐《茉莉》：

“荔枝香里玲珑雪，来助长安一夏凉。

情味于人最浓处，梦回犹觉鬓边香。”

盛产荔枝的岭南，也出小巧玲珑，如霜似雪的茉莉花，到了长安，给人们带来凉意和芳香。茉莉花充满了温情，戴在鬓边，醒来后仍嗅到一股悠悠的香气，令人喜欢。其中玲珑雪形象得描绘了茉莉的花色洁白。

（三）宋代王庭珪的《茉莉花三绝句》：

“纤云卷尽日西流，人在瑶池宴未休。

王母欲归香满路，晓风吹下玉骚头。

火云烧野叶声干，历眼谁知玉蕊寒。

疑是群仙来下降，夜深时听珮珊珊。

逆鼻清香小不分，冰肌一洗瘴江昏。

岭头未负春消息，恐是梅花欲返魂。”

薄薄的云彩散尽，太阳渐西沉，这一天将结束了。而宴会还在如火如荼地进行着，忘记了时间。王母将归去的时候，一路都是芳香，清晨的风吹下了无数洁白的玉搔头，那是仙女们留下的吧，令世人又喜又爱，赏之不尽呢。诗中说道，茉莉花小巧玲珑，清香扑鼻，将瘴江雾气一洗而空，疑是梅花重现。

（四）南宋刘克庄《茉莉》：

一卉能熏一室香，炎天犹觉玉肌凉。

野人不敢烦天女，自折琼枝置枕旁。

一丛茉莉花使满室飘香，炎热的暑天里见到白色的茉莉花，更使人觉得如对美人洁白如玉的肌肤，产生凉爽之感。俗人不敢打扰天上的仙女，只是折一枝茉莉放置在枕头旁。诗词赏析这是一首咏茉莉的诗，赞颂了茉莉的芳香和高洁。南方的夏天，炎热难耐，庭院里养一盆茉莉花，能使全室飘散着馥郁的芳香；而那慢慢舒展开的冰洁玉白的花蕾，如美人玉肌，使人产生清爽的美感。“一卉”而能香满“一室”，已很可喜；炎天而能令人“犹觉”凉爽，更加可爱。“玉肌”之妙想，新奇而又自然。“一卉能熏一室香，炎天犹觉玉肌凉。”这两句把茉莉花的色态、香味都一一写出来了。

（五）明代沈宛君《茉莉花》：

如许闲宵似广寒，翠丛倒影浸冰团。

梅花宜冷君宜热，一样香魂两样看。

在这宁静的夜色里，恍若是在天上的广寒宫。月色下，茉莉花的绿叶光影迷离，而冰清玉洁的小花更醒目了。这时诗人想起了梅花，梅花适宜冬天，而茉莉适宜夏天，一样幽香沁人，一样的好看。

三、买得新妆茉莉花

随着种植的推广，茉莉花逐渐融入到了社会生活中，民间许多女子将茉莉花用来装扮。《晋书》有记载“都人簪奈花”，奈花，也就是现在的茉莉。到了宋代，插花已成为整个社会的生活时尚，深入到寻常百姓家。不论男女，不分贵贱，上至君主、士大夫，下至市井小民，都以簪花为时尚，“虽贫者亦戴花饮酒相乐”。六月时节，茉莉花刚上市，“其价甚穹（高），妇人簇戴，多至七插，所直数十券，不过供一饷之娱耳”，可谓爱美之极。在江南一代，卖花人常把连蒂的茉莉花制作成花带、花球来吸引顾客购买，供女子簪戴。花农们则是把茉莉放在马头篮里，沿街“戴花”，也就是常说的“叫卖”，供妇女们购买，簪戴。

（一）元代马祖常的《拟古》：

“早嫁金闺彦，翡翠冠步摇。

缠臂七宝钿，绣袿袭鲛绡。

江南茉莉粉，涂颊发天娇。

专房妬夫婿，奁钱媚神袄。

最恨蚕缫贱，却恐锁香销。”

“江南茉莉粉，涂颊发天娇”，是形容茉莉的美容功能，茉莉粉涂抹在脸颊上可以使女子皮肤更加娇美。

（二）元代居性《西湖竹枝词》：

“二八女儿双髻丫，黄金条脱银条纱。

清歌一曲放船去，买得新妆茉莉花。”

其中“买得新妆茉莉花”讲的是当时年轻女子用茉莉花来化妆打扮。

（三）明代唐伯虎《佳人插花图》：

春困无端压黛眉，梳成松鬓出帘迟。

手拈茉莉腥红朵，欲插逢人问可宜。

佳人困乏，眉目间没什么精神，只是梳了个松散的鬓，慢慢地从帘子里走出来。手里还拈着腥红色的茉莉，想要簪在发间，遇见人，便问道，这样可行？香花，佳人，自然是相得益彰的，而看似漫不经心的一问，却令这位佳人的形象立即生动起来了。

（四）明末清初王士禄《咏茉莉》：

冰雪为容玉作胎，柔情合傍琐窗隈。

香从清梦回时觉，花向美人头上开。

诗中形容茉莉的花朵就像冰雪一样洁白晶莹，又有白玉一样的品格精神，这种柔情默默的花儿就应该被放置在琼楼玉宇的琐窗旁。它的芳香在美梦醒来时更觉沁人心脾，这种花只配戴在妖娆美丽的女子头上。

四、出尘标格，和月最温柔

（一）宋·柳永《满庭芳·茉莉花》

宋以后，歌咏茉莉的作品越来越多，茉莉也在诗词中被寄予越来越多的情感。有代表性的比如宋代柳永的词作《满庭芳·茉莉花》：

“环佩青衣，盈盈素靥，临风无限清幽。出尘标格，和月最温柔。堪爱芳怀淡雅，纵离别、未肯衔愁。浸沉水，多情化作，杯底暗香流。

凝眸。犹记得，菱花镜里，绿鬓梢头。胜冰雪聪明，知己谁求？馥郁诗心长系，听古韵、一曲相酬。歌声远，余香绕枕，吹梦下扬州。”

这是一首吟咏茉莉的名作。词的上片描写茉莉花的品格风姿，词的下片抒写词人触目伤怀之心绪。词作上片先写花之姿容神采，以人拟物，如在眼前。次句写花之气质风骨，不肯与牡丹、芍药为伍，唯有月华如水，可共知音。再写花之胸怀气度，任清风吹落，素手采摘，知时而不忧。最后写花之落后遗芳，枝头别后而芳魂犹在，一缕情思，化作茶香，不忘沁人心脾。词的下片写花之感触伤怀，冰清玉洁，不肯稍近凡俗，知音难觅。她历来为诗家所爱，屡有吟咏。全词文笔清研雅丽，使人读之忘俗。词人隐有以花自喻之意，令人心向往之。

（二）宋·辛弃疾《小重山》（茉莉）

倩得薰风染绿衣，国香收不起，透冰肌；

略开些子未多时，窗儿外，却早被人知。

越惜越娇痴，一枝云鬓上，寻人宜；

莫将他去比酴醾，分明是，他更的些儿。

这是大词人辛弃疾关于茉莉的佳作，辛弃疾是豪放派代表诗人，然而这首茉莉却展现出婉约的风格。词人运用朴素的词语。以及方言俚语融入到诗词中，更显得茉莉的妩媚娇丽，清香怡人。大意是：初夏的东南风温暖和曛，茉莉叶片青翠，犹如风吹把茉莉催的着了一身绿衣（想象丰富），风力吹来了茉莉的清香，可惜无法收囊起来，却透入肌肤，渗出丝丝寒意，茉莉花开没多久，然而不需要出去看，就知道，因为香味早就飘了过来。越看越怜惜，摘一朵插在头上，找人更容易，一眼就可以看出，千万别将她和酴醾相比，分明是茉莉更加略胜一筹。

五、贾舶无情，　茶船多事

茉莉花喜湿热，受气候影响北方包括需求量大的江浙地区都无法大规模种植。因此，茉莉花在南方栽种，远销北方，“商人重利轻别离”，这种不得不远走他乡的商业色彩，给人们留下了极大的想象空间。茉莉花诗词中一个重要的意象就是借茉莉抒发乡愁情感。早在宋代，陈宓《素馨茉莉》就有“移根若向清都植，应忆当年瘴雨乡”的句子。到了明清，乡愁书写成了一个非常重要的组成部分。

（一）曹亮武《爪茉莉·茉莉》

记得岭南，在蛮娘之圃。飘流过、章江湓浦。

冰肌玉魄，销受了，许多炎暑。试看他、月上栏干，芳心也曾漫吐。

摘来销帐，色蒙蒙、尚沾露。须念汝、远抛乡土。

洛妃解飒，想依然、恁丰度。到夜深、隐隐冷香无数。

应都是，牵惹处。

茉莉从岭南到江西，从赣江到湓浦（今江西九江），下阕就对茉莉的乡愁进行设想揣摩，但还只是隐隐约约，充满着没有完全说透的惆怅。

（二）陈维崧《金明池·茉莉》

海外冰肌，岭南雪魄，销尽人闲溽暑。

曾种在、越王台下，记着水、和露初吐。

遍花田、千顷玲珑，惹多少、年小珠娘凝觑。

奈贾舶无情，茶船多事，载下江州湓浦。

姊妹飘流离乡土，怅异域炎天，黯然谁与。

燕姬戴、斜拖辫发，朔客嗅、烂斟驼乳。

望夜凉、白月横空，想故国帘栊，旧家儿女。

只鹦鹉笼中，乡关情重，相对商量愁苦。

这首词主题非常鲜明，就是围绕茉莉的乡愁来构思的。上阙写岭南茉莉在家乡的情景，但是由于“贾舶无情，茶船多事”，茉莉作为商品就流离乡土，然后引发出无限的乡愁。这种描写只有在商业化程度高的社会才会大量出现，所以陈维崧这种明确的构思在此后的茉莉文学书写不断出现。岭外人们见到商业化了的茉莉，首先映入脑中就是它的原产地，然后就会把诗词常见的乡愁主题赋予给无生命的茉莉花。这是文学与商业交叉影响后自然而然的事情。

（三）冯询《谢王小初太守惠茉莉》

君知我思乡，为我致乡卉。南海第一株，移自波斯始。

彻夜女儿香，惟素馨与尔。尔干似槎材，尔花实绮靡。

忆昔珠江游，花船烂筵几。珠串绕成围，银丝插作珥。

酒阑人散后，花意转竞起。芳生笑语余，腻入魂梦里。

颇谓温柔乡，毕生住亦喜。讵料轻别离，商人重利市。

衣香抛一园，捆载逐千里。薰菸媚人鼻，薰茶媚人齿。

如蝶干可怜，如磨馥自毁。安用逞南强，未免厌北鄙。

憔悴滞天涯，嗟予今老矣。欣欣见花来，爱比遗替履。

培植纵有人，岂及故园美。聊复酒一杯，赏花酌行止。

珍重谢良朋，惠我意无已。

冯询是广东人，诗中茉莉的乡愁就是诗人的乡愁，虽然主题是表达感谢惠花之举，但仅仅在诗末进行点题而已，通篇其实都是借花说愁，远走他乡而“媚人鼻”、“媚人齿”，可能也表达作者仰人鼻息的心情，当然友人所惠茉莉花让诗人有如他乡遇故知一样欣喜若狂。这种感情更具个人色彩，所以也就更令人感慨。

图 20　茉莉花种植园（图片来源：横州市职业技术学校）

六、名花尔无玷

明清时期，茉莉文学的繁盛期，“茉莉”一词也开始有了“正字”，即标准的写法。明代以前的茉莉文学作品中，大多无“正字”，如宋诗当中，朱熹的《末利》、王十朋的《末利花》、《又觅没利花》等写法都不统一，而到了明清，“茉莉”一词的写法基本固定下来了。对茉莉的吟咏不仅仅局限在对茉莉花的外在的描写，更多地托物言志，开始在茉莉身上寄予了“高士”的性情。

最典型的是金圣叹这首《狱中见茉莉花》：

名花尔无玷，亦入此中来。

误被童蒙拾，真辜雨露开。

托根虽小草，造物自全材。

幼读南容传，苍茫老更哀。

《狱中见茉莉花》显然是一首托物言志之作。首联“名花尔无玷，亦入此中来”写茉莉这种花本来纯洁无暇，却也和自己一样到了狱中。颔联“误被童蒙拾，真辜雨露开”写茉莉是被不懂事的孩童拾进狱中的，所以过错并不在茉莉。但这样却辜负了曾经滋养茉莉的雨露。

金圣叹曾在入狱前一年作《春感》八首，诗序云：“顺治庚子正月，邵子兰雪从都门归，口述皇上见某批才子书，谕词臣‘此是古文高手，莫以时文眼看他’等语，家兄长文具为某道。某感而泪下，因北向叩首，敬赋。”这件事中可以看出金圣叹的矛盾心态。他出生于明末，作为遗民，入清后对清廷有极不满的情绪，而锋芒毕露的性格又使得它对顺治的夸奖激动不已，诗中颔联写茉莉对雨露的辜负某种程度上也是他认为辜负的顺治帝的赏识，可见诗中句句都有所指。颈联“托根虽小草，造物自全材”又转而写茉莉的身世，虽然托根于小草，但仍和其他花卉一样实现着自己的价值。尾联的“幼读南容传”用了孔子弟子南宫适的典故，《史记·仲尼弟子列传》中记载，南宫括曾反复诵读《诗经·抑》中“白圭之玷，尚可磨也；斯言之玷，不可磨也”的句子。金圣叹认为自己在苍茫将老的年纪里受到玷污、罪名实在是一件悲哀的事情。整首诗都在借茉莉来表达自己无辜却锒铛入狱的的悲哀与愤懑。

金圣叹实在是明末清初文学史上的一位怪才、也是当之无愧的“高士”，他的“高士”性情体现在一下几个方面。首先，他精通各种才艺，文学创作上尤以文学批评见长，很大程度上开拓了和充实了文学批评史上的小说和戏曲批评。他把《庄子》、《离骚》、《史记》、《杜工部集》、《水浒传》、《西厢记》称为“六才子书”，大大提高了白话小说和戏曲的地位，以致于归庄在《诛邪鬼》中对金圣叹进行大力谴责，称他“惑人心，坏风俗，乱学术，其罪不可胜诛矣”。金圣叹在文学批评上的做法是不为当时正统人们容忍的，他这样卓尔不群的“高士”性情可见一斑。第二不得不提的是金圣叹入狱，缘于顺治十八年的“哭庙案”。它是继顺治年间的“奏销案”、“科场案”之后的政治风波延伸。”“哭庙案”发生于苏州府吴县。时任吴县县长的任维初为了征收欠税而采取了一系列严苛的措施，从而引起了江南文士的不满。他们在二月初五这一天聚集孔庙，假借悼亡刚刚去世的皇帝额名义从而乘机发泄对当局的不满情绪。当时在场的官员抓捕了当时带头闹事的十一人，金圣叹就在其列。《震泽县志》记载金圣叹被行刑之后棺椁置于家中，家人“皆号哭失声：人重其气谊。”从他死后人都“重其气谊”这一点，就不难看出金圣叹生前做人的气谊是为人称道。

图 21　金圣叹画像

金圣叹在狱中咏茉莉不是一个偶然现象，茉莉具备了一定得优势、与金圣叹相同的特征才会被他寄予情感。首先，金圣叹入狱在七月，时值茉莉花开。《古今图书集成》博物汇编草木典“茉莉”部收录了《百氏集》中的《茉莉》诗，诗的首句就说茉莉“风流不肯逐春光”，大多数大会在春天开放、争奇斗艳，而茉莉却开在夏天，这样就显得卓尔不群，不屑与其他花卉媲美。这与金圣叹在生活中、文学批评上别具一格的行为很像。其次，茉莉花花瓣是白色的，是纯洁无暇的象征，与金圣叹为人直率、正直有共通之处。最后，茉莉托根于小草与金圣叹不在仕林的低微身份也是相同的。正是由于以上茉莉与金圣叹的“高士”性情共通的几点，他才会在狱中题咏茉莉，借茉莉表达自己的哀伤之情。茉莉在人们笔下的“高士”性情也可见一斑。

第三节　散文中的茉莉花

散文是一种以记叙或抒情为主，取材广泛、笔法灵活、篇幅短小、情文并茂的文学样式。随着人们物质文化生活的丰富，以及茉莉花种植的普及，当代出现了许多歌咏茉莉花的散文。他们或赞颂花朵本身，或托物言志，或以茉莉为象征抒发情感，不但数量多而且内容丰富。

一、《花事》

席慕蓉是当代画家、诗人、散文家。她的作品多写爱情、人生、乡愁，写得极美，淡雅剔透，抒情灵动，饱含着对生命的挚爱真情，影响了整整一代人的成长历程。席慕蓉散文作品中最大的特色有两大方面，一为对花卉的描述，二为颜色的词汇使用。在于“花”的描述上，各式各样的花都能入文，其中散文集《花事》就有这篇茉莉花：

花事 茉莉

院墙边那一棵老茉莉今年疯了，一个五月下来，整整开了上千朵的花！茉莉是依墙攀缘而上的，在红砖墙上原来留了一些装饰用的空格，几年下来，它的枝叶就在这些空格里穿来穿去，竟然爬满了一墙。叶子又肥又绿，衬着那些三朵五朵长在一起的小小花苟，真像夜空里满天的繁星，好看极了。在起初，看到那样多那样密的花苞时，我还迟迟不敢相信，不敢相信每一朵都真的会开，不敢相信会真有那样的时刻。可是，过了几天，它们真的陆续地开起来了，而且越开越多。每天，只要一到落日时分，小朵小朵的蓓蕾就会慢慢绽放，圆圆柔柔的，伴随着那种沁人心脾的芳香。整个晚上，我就站在墙边，站在花下，一朵一朵地数着，数到眼睛都花了的时候，也不过只是在一个小小的角落里而已。可是，那些还没来得及数到的，那些怎样也算不清楚、怎样也点不完全的花朵，还在枝叶茂密的地方盛开着，清香而又洁白。那几个初夏的夜晚，只要一站在花前，看着满树的茉莉，我就会变得颠颠倒倒的，好像整个人也跟着这一树的花朵疯了起来。那一阵子，跟朋友写信，总忍不住要提一下这件事，怕朋友不相信，还在信里来上几朵香香的茉莉寄去，还是觉得不够，又想要替它照几张相片。那天晚上，丈夫在他的灯下看书，不理睬我，我就在窗外一直央求他。被我缠不过了，他只好拿了相机出来，一面又气又笑地问我："你照这些花到底要干什么？"

作者记叙了院墙边五月里开疯了的茉莉花，以一个女性特有的细腻的视角，描写了伴随着茉莉花开的喜悦心情：每天晚上数着清香洁白的花朵、跟朋友写信总要提一下且寄去几朵、还要替它拍照留念。最后用具有席慕容式特色的问句结尾，"你照这些花到底要干什么？"呼应了前面，“好像整个人也跟着这一树的花朵疯了起来。”

二、《爱如茉莉》

《爱如茉莉》讲述了妈妈生病住院，爸爸去医院照顾的小事。《爱如茉莉》，以父母之间平淡无奇却又真真切切相亲相爱的细节描写为内容，以“我”对茉莉花前后不同的感受为线索，对父母病房中情景的出人意料的解剖，形成了绝妙的构思，十分引人入胜，也令读者对“爱”有一种新的感悟。赞美了父母之间如茉莉一般平淡无奇，却洁白纯洁的爱。

爱如茉莉

那是一个飘浮着桔黄色光影的美丽黄昏，我从一本缠绵悱恻、荡气回肠的爱情小说中抬起酸胀的眼睛，不禁对着一旁修剪茉莉花枝的母亲冲口说：“妈妈，你爱爸爸吗？”

妈妈先是一愣，继而微红了脸，嗔怪道：“死丫头，问些什么莫名其妙的问题！”我见从妈妈口中掏不出什么秘密，便改变了问话的方式：“妈，那你说真爱像什么？”

妈妈寻思了一会儿，随手指着那株平淡无奇的茉莉花，说：“就像茉莉吧。”

我差点笑出声来，但一看到妈妈一本正经的眼睛，赶忙把“这也叫爱”这句话咽了回去。

此后不久，在爸爸出差归来的前一个晚上，妈妈得急病住进了医院。第二天早晨，妈妈用虚弱的声音对我说：

“映儿，本来我答应今天包饺子给你爸爸吃，现在看来不行了。你呆会儿就买点现成的饺子煮给你爸吃。记住，要等他吃完了再告诉他我进了医院，不然他会吃不下去的。”

然而爸爸没有吃我买的饺子，也没听我花尽心思编的谎话，直奔到医院。此后，他每天都去医院。

一个清新的早晨，我按照爸爸特别的叮嘱，剪了一大把茉莉花带到医院去。当我推开病房的门，不禁被跳入眼帘的情景惊住了：妈妈睡在病床上，嘴角挂着恬静的微笑；爸爸坐在床前的椅子上，一只手紧握着妈妈的手，头伏在床沿边睡着了。初升的阳光从窗外悄悄地探了进来，轻轻柔柔地笼罩着他们。一切都是那么静谧美好，一切都浸润在生命的芬芳与光泽里。

似乎是我惊醒了爸爸。他睡眼朦胧地抬起头，轻轻放下妈妈的手，然后蹑手蹑脚地走到门边，把我拉了出去。

望着爸爸憔悴的脸和布满血丝的眼睛，我不禁心疼地说：“爸，你怎么不在陪床上睡？”

爸爸边打哈欠边说：“我夜里睡得沉，你妈妈有事又不肯叫醒我。这样睡，她一动我就惊醒了。”

爸爸去买早点，我悄悄溜进病房，把一大束茉莉花插进瓶里，一股清香顿时弥漫开来。我开心地想：妈妈在这花香中欣欣然睁开双眼，该多有诗意啊！我笑着回头，却触到妈妈一双清醒含笑的眸子。

“映儿，来帮我揉揉胳膊和腿。”

“妈，你怎么啦？”我好生奇怪。

“你爸爸伏到床边睡着了。我怕惊动他不敢动。不知不觉，手脚都麻木了。”

病房里，那簇茉莉更加洁白纯净。它送来缕缕幽香，袅袅地钻到我们的心中。

哦，爱如茉莉，爱如茉莉。

本文是一篇赞美人世间美好情感的美文。文中从细节处一次次表现了父母之间真挚、深厚的爱情。茉莉花是全文的线索，对于茉莉花的特点，文中很明确地用三个词来形容：平淡无奇、洁白纯净、散发清香。作者也是借茉莉纯洁、朴实的特点来托物言志，赞叹这对普通父母之间的感情就如同这茉莉般感动人心，耐人寻味。

第四节　小说中的茉莉花

茉莉因其忠贞、美丽、纯洁的美好意义，经常被作者用来给小说中的女性人物命名。例如，《聊斋》中的茉莉花精便取名茉莉。除此之外，茉莉花也常常成为推动情节发展的重要道具，例如古龙小说中的卖花女“一条命，一朵茉莉花”。

一、《红楼梦》

《红楼梦》擅长以花喻人。比如富贵的牡丹对应宝钗，清雅的芙蓉对应黛玉，妩媚的海棠对应湘云，芬芳的老梅对应李纨。红楼四春也各自有对应的花，烈火烹油的石榴对应的是元春，淡雅的茉莉对应的是迎春，带刺的玫瑰对应的是探春，佛香味道十足的菩提花对应的是惜春。

茉莉花与贾迎春联系在了一起。贾迎春的性格与世无争，非常的安静而又懦弱。

迎春第一次出场在《红楼梦》第三回："肌肤微丰，合中身材，腮凝新荔，鼻腻鹅脂，温柔沉默，观之可亲。"她并不是令人惊艳的第一眼美女，但也温婉可人。在姹紫嫣红的大观园里，她就像一株娴静的茉莉花，自开自落，与世无争。

她性格中的"懦"，在书中各处细节都有体现。在六十五回中，曹公借小厮兴儿之口，说："二姑娘的浑名是'二木头'，戳十针也不知嗳哟一声。"而第七十三回《懦小姐不问累金凤》中，她的奶妈更是在开赌局时公然的拿她的首饰累丝金凤作抵押。在遭贾母惩戒后，其儿媳妇来讨情，竟以累丝凤相挟，与丫头们吵闹不休。多亏探春挺身而出，召平儿弹压下去。迎春自己却是只顾看《太上感应篇》，用黛玉的话说，迎春是"虎狼屯于阶陛，尚谈因果"。

文中第三十八回写道："黛玉因不大吃酒，又不吃螃蟹，自命人掇了一个绣墩，倚栏坐着，拿着钓杆钓鱼。宝钗手里拿着一枝桂花，玩了一回，俯在窗槛上，掐了桂蕊，扔在水面，引的那游鱼上来唼喋。湘云出一回神，又让一回袭人等，又招呼山坡下的众人只管放量吃。探春和李纨、惜春正立在垂柳阴中看鸥鹭。迎春却独在花阴下，拿着个针儿穿茉莉花。"这里脂砚斋的批语："看他各人各式，亦如画家有孤耸独出，则有攒三聚五，疏疏密密，直是一幅《百美图》。"这画面中，密的是其他在一起的众人：黛玉钓鱼，宝钗逗鱼，宝玉都去看过；湘云和袭人与其它众人有交流，探春、李纨与惜春则是在一起看鸥鹭。唯独迎春是那一"疏"。相比起周边的热闹，她只是默默地坐在一旁，安静地用手中的针线串起那些小小的，软软的茉莉花。如此柔软稚嫩的花儿，用花针来穿，是细致活儿，需要全神贯注。即便如此，一不小心，还有可能扎到手。但迎春却那么认真，这难得的安宁对她来说是那么宝贵。她不需要强行融入众人，只是享受着独属于自己的那一份恬静美好，也许这也是她一直所追求的生活。曹公笔下的"独"字，既指空间位置，也指心理状态，有着双重涵义。不起眼的迎春，在《百美图》中，被曹公"孤耸独出"，那是多么美丽的画面。仿佛舞台上，一束柔光下，迎春静静地串着洁白素雅的花苞，在这一刻成为了主角。四周的动，愈发衬托出她的静，光阴似乎也忘记了流淌，等待欣赏一次生命的绽放。

茉莉花芬芳、洁白、淡雅，没有耀眼的色彩，也缺乏夺目的体态，却可以延续很长的花期。在绿叶的衬托下，小白花儿安静地开着，可怜、可爱，清香若有若无，转瞬即逝。而迎春就恰似一朵美丽的茉莉花，不妒，不争，不怨，不怒，一生克己为人，一心修为向善。这里作者用茉莉花暗指迎春美丽的容颜、孤洁的品性和悬梁自尽的结局。

二、《茉莉香片》

张爱玲爱茶，她的作品中茶常常作为生活中不可或缺的一部分出现。《茉莉香片》，便是直接以茉莉花茶命名的短篇小说，开篇就以茶作引子：我给您沏的这一壶茉莉香片，也许是太苦了一点。我将要说给您听的一段香港传奇，恐怕也是一样的苦——香港是一个华美的但是悲哀的城。

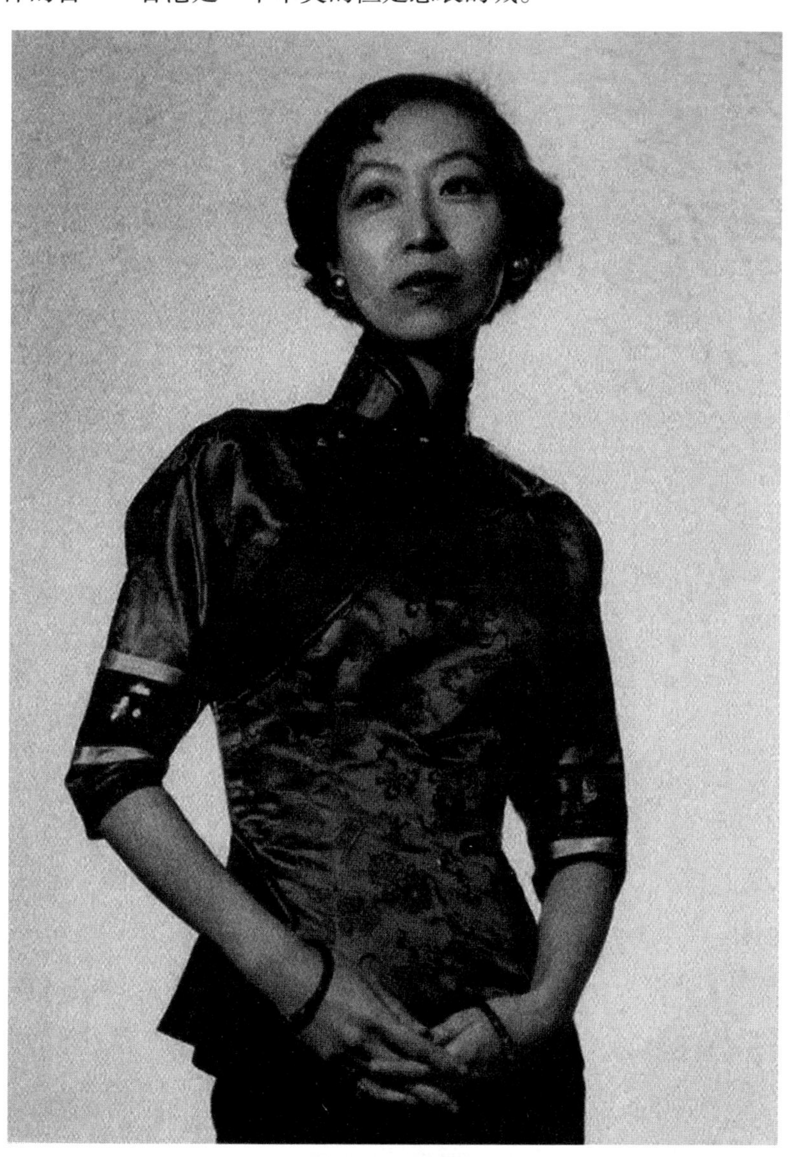

图 23　张爱玲

茉莉香片怎么会太苦呢?

故事讲述了一个在不幸的原生家庭长大的男孩聂传庆身上发生的病态心理，以及荒唐的事。聂传庆，“一个二十上下的男孩子，说他是二十岁，眉梢眼角却又有点老态。同时他那窄窄的肩膀和细长的脖子，又似乎是十六七岁发育未完全的样子。”这是小说的主角聂传庆出场的样子，他正在男子最好的年龄，却骨瘦如柴，没有一点男子的阳刚之气，就像他爸爸说的，一点丈夫气都没有。他会整天伏在卧室角落的藤箱上做白日梦，一动都不动，任凭多毒辣的太阳晒在身上。他老是这样一副懒洋洋、死气沉沉、麻木阴郁的样子。他人年轻，心却是苍老不堪，他已经被他父亲折磨成了精神残废。一个父亲为什么会这样对自己的孩子?因为她的母亲不爱他的父亲，自他四岁母亲去世，他父亲就把对他母亲的那股恨，变相地发泄到他身上。他父亲打他，打聋了他的一只耳朵。他父亲语言虐待他，常常骂他猪狗不如，三分像人，七分像鬼，不配被人爱。再加上他后母的挑唆，他父亲对他只会变本加厉。所以在家里的传庆像个鬼一样，在学校他也没好到哪里去，他没有一个朋友，大家都躲着他。但有一个人例外，他所在学校的校花言丹朱，她是一个浑身充满阳光的女孩。她不但兴趣广泛，朋友也很多，唯独她愿意拿聂传庆当朋友。他躲着她，可她上杆子亲近关怀他。可她不知道聂传庆内心无比憎恨她，因为她对他好，是因为她拿他当女孩看；她给他分享她的秘密，是因为他没有朋友，自然会替她保守秘密，这伤了他的自尊心。还有一个更隐蔽更主要的原因：她的父亲言子夜，也是聂传庆的国文老师，曾向传庆的母亲提过亲。也就是说，她的父亲与他的母亲有过一段情，他母亲之所以早死也是因为这段情，他父亲虐待他多年也是因为他母亲的这段情。聂传庆恨他的父亲，但他倾慕言子夜，他想象如果他是言子夜的孩子，他肯定比丹朱优秀，他认为丹朱剥夺了本该他拥有的一切。在这种扭曲心理下，在一个舞会的深夜，光彩照人的丹朱毫无防备孤身接近聂传庆。心怀鬼胎的他向丹朱求爱不成，下手杀死她。小说的结尾：丹朱没有死，他跑不了。他将在父亲和学校的双重重压下失去未来。

用苦难冲泡出的茶，终是一杯苦涩难咽的茶。

三、《金瓶梅》

明代的小说中也常描写茉莉花在日常生活中的应用，其中《金瓶梅》最有代表性。《金瓶梅》，中国明代长篇白话世情小说，一般认为是中国第一部人们独立创作的章回体长篇小说。其成书时间大约在明代隆庆至万历年间。在中国古代小说中，它还是第一部细致的描述人物生活、对话及家庭琐事的小说，这具有非常重要的意义。

其中有很多情节中有茉莉花出现，说明当时茉莉花已经融入到市井百姓的生活中了。《金瓶梅》中就时时出现茉莉酒、茉莉花肥皂、茉莉花粉。第二十三回西门庆道："还有年下你应二爹送的那一坛茉莉花酒，打开吃。"一面教玉箫把茉莉花酒打开，西门庆尝了尝，说道："正好你娘们吃。"《金瓶梅》第二十七回，西门庆对孟玉楼说道："我等着丫头取那茉莉花肥皂来我洗脸。" 原来妇人因前日西门庆在翡翠轩夸奖李瓶儿身上白淨，就暗暗将茉莉花蕊儿搅酥油定粉，把身上都搽遍了。

四、《阅微草堂笔记》

《阅微草堂笔记》中有一则跟茉莉相关的故事：

闽人有女，未嫁卒，已葬矣。阅岁余，有亲串见之别县，初疑貌相似，然声音体态无相似至此者，出其不意，从后试呼其小名，女忽回顾，知不谬。又疑为鬼，归告其父母，开冢验视果空棺，共往踪迹，初阳不相识，父母举其胸肋瘢痣，呼邻妇密视，乃具伏。觅其夫则已遁矣。盖闽中茉莉花根，以酒磨汁，饮之一寸可尸蹶一日，服至六寸尚可苏，至七寸乃真死。女已有婿，而私与邻子狎，故磨此根使诈死，待其葬而发墓共逃也。婿家鸣官捕得邻子，供词与女同。时吴林塘官闽县，亲鞫是狱，欲引开棺见尸律，则人实未死，事异图财；欲引药迷子女例，则女本同谋，情殊掠卖。无正条可以拟罪，乃仍以奸拐本律断。人情变幻，亦何所不有乎？

这则故事主要写一个福建人的女儿，还没出嫁就去世，而且已经下葬。大概一年后，有个亲戚在其他县碰到这个女儿。一开始只是以为是容貌相似而已，仔细观察后发现声音、体态几乎一模一样。出其不意，从背后试着叫了该女子小名，女子听到有人叫就回头来看，这才知道肯定就是这个女儿了。有怀疑可能是鬼，回乡后告诉了她的父母，开坟验看果然棺材里面是空的。遂一起去找她，一开始还说不认识。父母说出胸肋瘢痣，叫邻居妇女检查，这才认了。这时她的丈夫早就逃走了。原来是女儿为了和情人私奔，借助茉莉根的药性制造假死的症状，继而与邻居私奔到别处的一个故事。被追究出原因之后，男子仍被判上了奸拐地罪名。

五、《天龙八部》

茉莉花在《天龙八部》中是段正淳与他的情人之一康敏之间的情花。茉莉花清新淡雅，段正淳在追求康敏的时候，时常送她茉莉花，也时常将她和茉莉花比较。可是，这朵外表看似茉莉花的康敏，却有着一副蛇蝎心肠。为了达到目的，康敏可以不择手段，完全不配茉莉花的淡雅，康敏为了报复乔峰，一系列动作，确实让人感到害怕。茉莉花清新淡雅，段正淳在追求康敏的时候，时常送她茉莉花，也时常将她和茉莉花比较。可是，这朵外表看似茉莉花的康敏，却有着一副蛇蝎心肠。为了达到目的，康敏可以不折手断。完全不配茉莉花的淡雅。

六、《长沙白茉莉》

《长沙白茉莉》是著名历史学家黄仁宇于２０世纪８０年代创作了英语体长篇小说。小说以“大革命”失败后的长沙与上海为背景，讲述了中学毕业生“我”（赵克明）参与进步组织“马克思主义研习团”，稍后被委派运送“大革命”时期共产党“打土豪”所收缴的黄金至上海“青帮”处换现以支持上海地下党组织。赵克明遍历艰险将黄金顺利运送至“长沙白茉莉”胡琼芳处并与名动民国的上海“青帮”展开艰难复杂的交往。

就叙写内容而言，小说不仅赓续中国现代时期海派作家关于色、幻、魔、脸、身体、变态性心理的多层次叙事传统，更参以茅盾对２０世纪３０年代上海罢工潮的叙写以及茅盾、曹禺等作家对上海持有的爱憎不相离的态度。《长沙白茉莉》揭示出２０世纪３０年代上海既摩登、颓废又革命的丰富面相，抒写着由内地进入现代大都市的一代青年在迷茫、颓废、困守与挣扎后做出艰难选择的心路历程，见出２０世纪３０年代上海在迷幻中呈现的巨大张力：既有摩登风尚的全面呈现，又有政党革命的暗流涌动；既有财阀新贵的大手笔操控金融，也有升斗小民孜孜矻矻的求存之艰；既有一代摩登风熏染下的颓靡、感官、色情的弥漫，更有下层弱者挣扎于生死线上的身影。

《长沙白茉莉》的故事发生地一为长沙二为上海。长沙在小说中叙以花岗岩地面、口味繁多的小吃与岳麓山风景、各等级妓院与“长沙白茉莉”胡琼芳的出身等，为小说提供了主人公、情节线索和叙事背景，至于故事真正展开地则在上海。小说以大量篇幅叙写了２０世纪３０年代的上海摩登与都会传奇。

小说以“长沙白茉莉”为名首指胡琼芳之美艳，这在小说中多有体现：“她身上穿着西式服装：毛衣、裙子、高跟鞋，淡淡的化妆在朝阳中非常好看”“胡琼芳俏脸上长着两个酒窝，小腿修长匀称，活力充沛，一副淘气的样子”“明眸皓齿，梨涡荡漾”“身穿一套白色生丝裤装，脚趿高跟白拖鞋，浑身散发出一股幽香，人如其名”，连带其家居陈设装饰亦无不充溢着摩登时尚风。

第五节　丹青中的茉莉花

中国的绘画艺术源远流长，其中花鸟画占据了重要的一部分。中国历代画家从自然界的花木、鸟兽、虫鱼等取材，并在几者之间进行有意向的组合就形成了各式风格的花鸟画作品。花鸟画的出现也与那个时代的花木种植、鸟兽豢养以及人们的审美情趣有着密切的关系。邓椿在《画继》中曾写道素馨、茉莉、天竺、娑罗，这些域外的产物，根据其品性种类，在歌曲中吟唱，画于图册之中，续编为第二册。再有人们提赋在上面，可以称之为冠绝古今的美作了，这也表明当时的花木鸟兽作为吉祥之意被纳入绘画作品。

我国地域辽阔，历史悠久，民族众多，而产于江南的茉莉花，以它清雅秀丽的芳姿为国人所喜爱。以茉莉为题材的诗歌绘画很多。

一、国色天香

《簪花仕女图》是目前全世界范围内唯一认定的唐代仕女画传世孤本，作品的艺术价值非常高，是典型的唐代仕女画标本型作品，代表着唐代现实主义风格的绘画作品。画中反映了当时贵族妇女的生活，如扑蝶、抚筝、对弈、挥扇、演乐、欠身等。仕女们的纱衣长裙和花髻是当时的盛装，高髻时兴上簪大牡丹下插茉莉花，在黑发的衬托下，显得雅洁、明丽。自有“国色牡丹无香，天香茉莉无色”的说法，因此牡丹和茉莉一起也称为“国色天香”。

图 24　簪花仕女图 唐·周昉

二、对花弹琴

《听琴图》是传为北宋宋徽宗赵佶创作的一幅绢本设色工笔画，此画现藏于北京故宫博物院。

图画官僚贵族雅集听琴的场景。画面正中一枝苍松，枝叶郁茂，凌霄花攀援而上，树旁翠竹数竿。松下抚琴人着道袍，轻拢慢捻，另二人坐于下首恭听，一侧身一仰面，神态恭谨。抚琴人的正对面，是一块奇异的叠石，宛如祥云一般层层上升，托起插花的青铜小鼎。青铜小鼎里插的正是茉莉花。

宋人赵希鹄《洞天清录》中讲："弹琴对花，惟岩桂、江梅、茉莉、酴醾、薝卜等。香清而色不艳者方妙。若妖红艷紫，非所宜也。"弹琴对花，茉莉花的香气与幽雅的琴声合二为一，是宋人风雅的自然流露。

图 25　听琴图 北宋 · 赵佶

三、画中茉莉自多情

宋人邓椿写过一本《画继》，大意是历代名画的继续。邓椿继唐代张彦远《名画记》和宋代郭若虚《图画见闻录》之后而作。其中提到："宣和（1119-1125）睿览，复有素馨茉莉，天竺婆罗种种异产，赋之于咏歌，载之于图绘。""宣和睿览"，指宋徽宗赵佶亲自观赏。

图 26　北宋 赵昌 《茉莉花图》

古代一些皇帝喜爱花鸟虫鱼，各地就会争相进贡花木鸟兽，所以相应的就会有一批博物绘画的作品出现了。上图团扇图案就是南宋时期流行的花鸟画，这幅赵昌的《茉莉花图》是南宋时期的，曾被收藏在皇宫中，后来因为战火而流失海外被私人收藏。画扇中的植物茉莉与西方的博物画法不同，中国的花鸟画描绘的十分生动，是写实风格的创作，更注重的是构图的美感，而不是植物的"标准照"。而这样的团扇样式，也与北宋"全景式"不同，大多是圆形、方形和异形等小幅扇面，构图更简洁别致，描绘精美绝伦。

图 27 茉莉舒芳图 宋 · 马麟

此图无作者款印，按宋高宗时南斋供奉的题签，定为马麟所绘。马麟为马远之子，宋宁宗嘉泰年间（1201–1204）授画院祗候。他的风格沿自马远，能作人物、山水、花鸟。日本根津美术馆藏有他的《夕阳秋色图》，残霞暮色，水墨简洁而精美。台北故宫的《静听松风图》则用笔圆劲，皴染秀润。此画的笔法与构图，都近似北京故宫所藏的马远《白蔷薇图》，也都用淡青色渲染来突出白玉色的花瓣，增加层次感。

“扬州八怪”之一的李蝉擅画兰花，在众多兰图中，独有一幅将兰花与茉莉同画的《兰熏茉馥图》，一生矜持清高而又终生落魄的李鲜，借兰花的幽玄清雅与茉莉的高洁坚贞自喻。

此图写茉莉一枝，自左向右横斜而出，近右边了，始扶摇直上，其端疏疏着花，与下方数朵相呼应；最齐处在左一枯枝，仅一二笔，便平衡了画面，使画幅之外更有了不尽之意。自语“墨点无多泪点多”的八大山人朱耷也曾用一幅《茉莉花图》道尽平生苦索苍凉之意，此图单有一枝自左向右横斜而出的茉莉，于荒寂中透出雄健筒朴之气，正是他个性倔强，奇崛冷峻的内心写照。

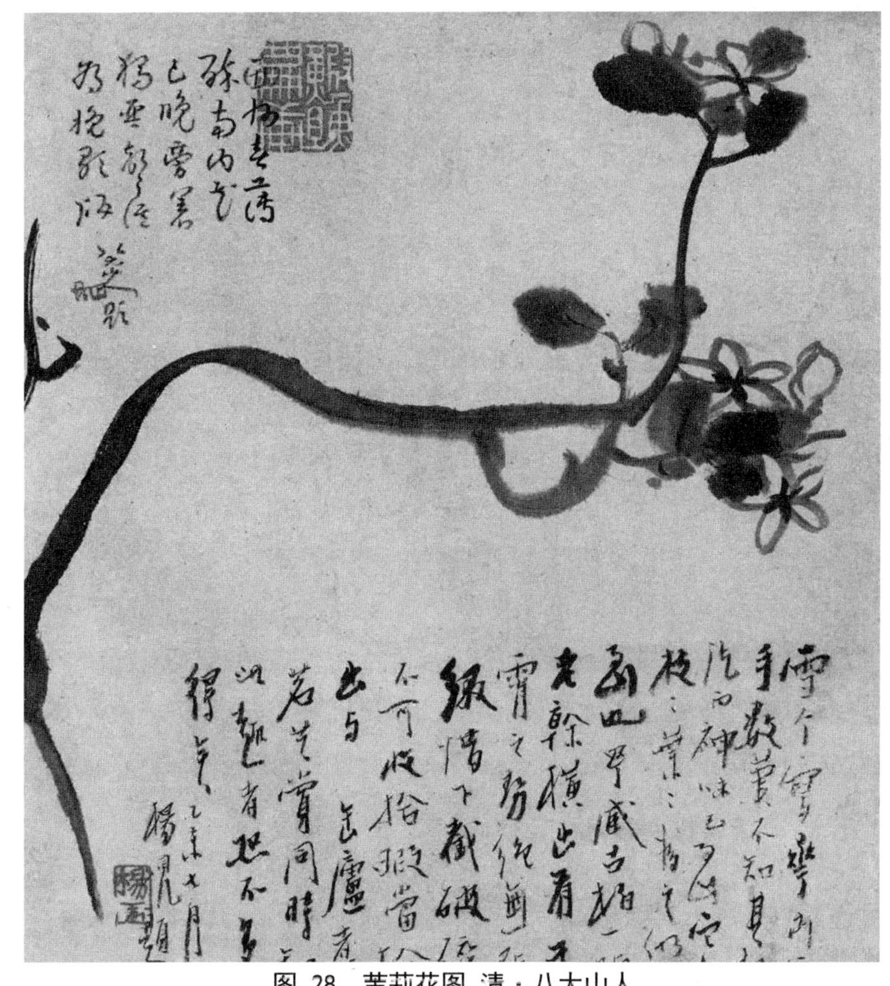

图 28　茉莉花图 清 · 八大山人

人们对于花鸟的题材缘起的背后，隐含着人们与自然界的花木鸟兽之间相互依存的关系，这在几千年的中国农耕文明中绵延至今不曾分离。花木鸟兽的组合来表达吉祥美好的寓意，这样的题材也成为延续中华民族优秀文化的一支血脉，传递出更为深邃丰富的文化内涵与底蕴。

常言道“书以载道，画为心声”，茉莉的入画与中国艺术中诗画审美一脉相通的展现，花鸟画蓬勃发展，看似是对植物生理特性的映照，其实际背负的是诗文中的托物言志与借物抒情之意，是笔墨写心和人的心灵体验在外部世界投射的直接表现。茉莉生机勃勃的气象由多种手法表现在画中，不仅是以花为媒，以身边微小之物直抒情性，更是审美体验下沉至世俗人生，日常生活精致化的大势所趋，而茉莉在入画的过程中也进一步获得了更为丰富的美好寓意，从单纯的形象上升为含情带意的审美意象。

第六节　歌词中的茉莉花

一、民歌《茉莉花》的传播

中国古代文学史上，除了传统的诗词、文赋、戏曲之外，还有一类文学作品贯穿文学史的始终，这就是民歌。关于民歌，《中国音乐词典》中指出，“民歌即民间歌曲，是劳动人民为了表达自己的思想感情而集体创作的一种艺术形式，它源于人民生活，又对人民生活起广泛深入的作用，在群众口头的代代相传中，不断得到加工。”我们国家从远古时期就有的“断竹、续竹、飞土、逐肉”的民歌。成书于春秋时期《诗经》是我国第一部诗歌总集，其中的“国风”部分就包含了先秦时期大量的民歌。战国时期屈原创作的“楚辞”也是屈原根据楚地民歌。汉代开始设乐府，两汉和南北朝乐府中有大量优秀的民歌流传下来。元代产生的散曲也是一种新型的民歌形式，它包括小令和套数两种形式。

（一）《茉莉花》歌词的演变

明代资本主义萌芽产生，封建社会开始面临瓦解，俗文学进一步发展，开始又大量出现民歌，且呈现兴盛之势明代文学家冯梦龙一生致力于搜集和整理通俗文学，他除了编出著名的“三言”之外，在民歌方面海搜集整理了《山歌》和《挂枝儿》两种民歌集。“挂枝儿”是明代中后期在民间兴起的一种时调小曲，沈德符在《万历野获编》中提到：有“打枣竿”、“挂枝儿”二曲，其腔约略相似，则不问南北，不问男女，不问老幼良贱，人人习之，亦人人喜听之，以至刊布成帙，举世传诵，沁人心腑。（明·沈德符《万历野获编》）

“挂枝儿”在当时社会的风靡程度可见一斑。而《挂枝儿》中多是描绘男女爱情的民歌，语言直接、质朴，它的“感部”当中就收入了一首《茉莉花》的民歌，是至今所能见到的最早的与现代《茉莉花》版本相似的歌词：

闷来时，到园中寻花儿戴。猛抬头，见茉莉花在两边排。将手儿采一朵花儿来戴。花儿采到手，花心还未开。早知道你无心也，花，我也毕竟不来采。（明 · 冯梦龙）

但《挂枝儿》的歌词与我们现代流传的《茉莉花》歌词相似度不算太高，与现代版本中"好一朵茉莉花"的歌词更相近的版本，出现在清代昆曲《缀白裘》当中，《缀白裘》是清代乾隆年间玩花主任选辑、钱德苍增辑刊印的戏曲剧本的选集。《缀白裘》第六集卷一《花鼓》一折中的《花鼓曲》中共有十二段唱词，没有曲谱，前两段词已经与今天广泛流传的版本极为相近，前两段唱词为：

好一朵鲜花，好一朵鲜花，有朝一日落在我家，你若是不开放，对着鲜花骂。好一朵茉莉花，好一朵茉莉花，满园的花开赛不过了它。本待要采一朵戴，又恐怕看花的骂。（《缀白裘》）

（二）《茉莉花》曲谱的演变

《茉莉花》曲谱最早见于清代道光年间贮香主人所编的《小慧集》，其中收录了"箫卿主人"的《鲜花调》工尺谱，这就是国内关于《茉莉花》最早的曲谱。由于我国的地域辽阔，各个地域地理环境、生活方式、历史因袭和风俗习惯都有极大的不同，这就使得《鲜花调》在两百多年的流传当中不停地演绎变化、入乡随俗，形成了几十种不同版本的《茉莉花》，它们有着不同的旋律和不同的风格，包括在福建、江苏、浙江、山东、陕西、河南、宁夏、甘肃、陕西一直到东北，都有《茉莉花》存在的痕迹。而在各地流传的《茉莉花》版本中，江苏民歌是目前流传最广泛的。

（三）江苏版本和河北版本的比较

1. 江苏民歌《茉莉花》

好一朵茉莉花，好一朵茉莉花，满园花开香也香不过它。

我有心采一朵戴，又怕看花的人儿骂。

好一朵茉莉花，好一朵茉莉花，茉莉花开雪也白不过它。

我有心采一朵戴，又怕旁人笑话。

好一朵茉莉花，好一朵茉莉花，满园花开比也比不过它。

我有心采一朵戴，又怕来年不发芽。（江苏民歌《茉莉花》

在《中国民间歌曲集成 · 江苏卷》中记录了 7 个版本的江苏地区《鲜花调》，

分别是苏州市的《鲜花调》、泗阳县的《鲜花调》（文鲜花）、苏州市的《鲜花调》（武鲜花）、徐州市的《张生跳粉墙》（鲜花调）、扬州市的《鲜花调》、六合县的《茉莉花》和兴化市的《茉莉花》。其中六合县的《茉莉花》广为流传，人们耳熟能详。其调式调性为D宫A徵调式，歌曲由简短的起承转合四句构成。旋律中较少衬词，江苏版本的《茉莉花》将江南少女的委婉、吴侬软语充分表现出来。在演唱形式上，主要用江淮话、吴地话演唱，也可以用普通话演唱。在表现手法上，江苏版本的《茉莉花》简练，集中笔力表现茉莉花之美，“好一朵茉莉花”的歌词在江苏版本当中循环多次，抒情性更强。

2. 河北民歌《茉莉花》

好（外）一朵茉莉花呀啊。好（外）一朵茉莉花呀啊，满园（怎么）开（吔）花（吔嗨）比（吔）不过它。奴（哎嗨）有心掐（吔哎哎嗨）朵戴（哎嗨吔嗨）又恐怕（那个）看花人儿骂。

八（吔）月里桂花香，九（哎）月里菊花黄，

张生（怎么）月下（哎嗨）跳（哎）过了粉皮儿墙。

这（吔嗨）才使崔（吔哎哎嗨）莺莺（哎嗨吔嗨）哗啦啦（那个）把门儿关上。

张（哎）生跪门旁，哀告我家小红娘，

可怜我们书生（哎嗨）离（吔）开了家乡。

你（吔嗨）要是不（吔哎哎嗨）开门（来嗨）我就跪到东方儿亮。

哗（哎）啦啦把门开，那（吔）一旁转过来，

转过来（怎么）郎君（哎嗨）张（哎哎嗨）秀才。

小（哎嗨）哥哥忙（吔哎哎嗨）施礼（吔嗨）小妹我飘飘下拜。

——（河北民歌《茉莉花》）

河北《茉莉花》是除了江苏《茉莉花》最具有代表性的同宗民歌，该乐谱收录于冯光钰的《中国同宗民歌》中，调式调性为A徵清乐调式。该版《茉莉花》用方言演唱，歌曲中加入“吕剧”的拖腔，旋律中运用上下滑音、装饰音等，歌词中加入衬词“哎、嘿、吔、那个”等，使歌曲带有北方小调的特色，凸显了河北人民的说话特点。河北版本的《茉莉花》中依然详细的描绘了张生和莺莺的爱情故事。河北版本以“好一朵茉莉花”兴起，引出后面的故事，叙事性更强。

3. 南北地区《茉莉花》的特点

南方地区《茉莉花》有浓厚的江南小调色彩，演唱速度大多都是匀速或是

中速，旋律紧凑，连接多以级进、环绕音为主，跳进较少，整体给人一种温婉、清雅的感觉。运腔上南方地区一般运用本音阻声长运腔和异音上滑运腔方式，很少使用衬词和装饰音，曲调比较曲折。演唱者习惯用方言来演唱，很多版本是细腻温婉的吴侬软语。

北方地区《茉莉花》相比南方地区的曲调，其结构复杂，以中速为主，多真声，旋律多为一字一音，音乐跨度大，整体的音乐性格为高亢嘹亮。结尾大多运用拖腔，充分凸显了音乐的戏曲性和抒情性。北方地区一般运用阻声式运腔和异音下滑运腔方式。歌曲中使用较多衬词和装饰音，这与北方地区人们的生活习惯有着密切联系。北方地区的《茉莉花》主要以《西厢记》中的人物张生、红娘和崔莺莺三人之间的故事情节表达音乐，南方地区的《茉莉花》没有对其进行任何表达。

《茉莉花》是中国民歌中最经典的一首，经流传演变，使得每个地区、每个民族都有了独特的风格，这促进了民歌的地域性发展，丰富了我国民歌种类。

（四）《茉莉花》在国外的传播

《茉莉花》是我国流传到海外的第一首民歌。清乾隆末年，英国首任驻华大使马戛尔尼伯的秘书约翰·巴罗来到中国，有机会接触和了解大量的中国民歌，他在1794年卸任途中经过广州，在广州驻留期间听到了《茉莉花》，于是就把《茉莉花》收入了他所编写的《中国旅行记》中，他虽然轻视中国的音乐，但唯独对《茉莉花》一曲赞叹有加。他说："我从未听到有比一个中国人唱得更哀婉动人的了。他在一种吉他伴奏下唱咏茉莉（Moo-lee）花的歌曲。" 此外，书中还录出了中国人演唱《茉莉花》（MOO-LEE-WHA）的原曲以及第一行歌词和英文直译。他还称《茉莉花》"似乎是中国最流行的歌曲之一"。这是第一次由西方人把《茉莉花》介绍到欧洲，再后来的一些西方音乐集当中很多都收录了《茉莉花》的曲谱，约翰·巴罗功不可没。

而《茉莉花》在国内和国际上的盛演不衰，最重要的源头来自歌剧《图兰朵》。《图兰朵（Turandot）》是年意大利著名的曲作家普契尼创作的他人生当中最后一部极具影响力的歌剧。《图兰朵》的整个音乐主旋律选择了《茉莉花》。《图兰朵》的原作家是意大利作家卡尔洛·戈齐，话剧整个背景设立在中国的元朝，公主图兰朵为了报祖先被掳之仇，下令如果有男人可以猜出她的三个谜语就能娶她，如果猜错变要被处死。卡拉夫王子不顾众人反对来猜题，猜中了三道题的谜底：希望、热血、图兰朵。公主拒绝认输，这时卡拉夫王子提出，主要公主在天亮前知道他的名字，他就愿意被处死。公主失败了，天亮时分王子吻了公主并把真名告诉了她，图兰朵公主终于愿意借嫁给王子。实际上在普契尼之前已经有很多曲作家写过《图兰朵》这个歌剧了，但普契尼依然坚持创作，后来他的《图兰朵》版本成了世界上被演出的最重要的版本。

1988 年柯克·勃朗宁（Kirk Browning）执导的《图兰朵》中，三幕《图兰朵》中《茉莉花》的旋律一共出现了七次。第一幕出现三次，二、三幕分别出现两次。其中印象比较深刻的是，在王子被处死的情节和图兰朵的谜底被猜中的情节出现时都响起了《茉莉花》的旋律。总之，普契尼对巴罗版本的《茉莉花》进行重新编曲，并在《图兰朵》中采用《茉莉花》作为配乐，是对东方音乐的一次很好的借鉴，《茉莉花》由此在西方产生了很大的影响力，成为中国民歌在世界音乐舞台上盛演不衰的一朵奇葩。

（五）中国名片

现在流行的《茉莉花》是曾任前线歌舞团团长的何仿 1942 年学唱与记录《鲜花调》的词与曲，1957 年奉命进京向总政汇报演出，将《鲜花调》加工、整理、改编成《茉莉花》。原歌词的三种花也都改为茉莉花。曲谱也做了很大改动。这首歌由陈鸿虹、宋桂英、计秋霞、李小林四位青年女演员，在北京首次演唱。

《茉莉花》首次登上国际大舞台是在 1959 年，前线歌舞团受命将参加在奥地利维也纳举行的“第七届世界青年与学生和平友谊联欢节”。何仿又对《茉莉花》作了第二次修改，“满园花草”改为“满园花开”。三段歌词的结尾处，又统一为“又怕……”更显含蓄之美，同时将结束音“5”前的“1”作了延长处理，使全曲更加悠扬婉转。

1981 年，何仿让青年歌唱家程桂兰用苏州方言演唱，透出江南的灵秀。这让这首歌的传唱度再度升高。

1982 年，联合国教科文组织向世界推荐《茉莉花》，并将其确定为亚太地区的音乐教材。

最早关注关心《茉莉花》的中央领导同志是周恩来总理。1965 年，万隆会议 10 周年纪念大会，周恩来点名要前线歌舞团随行。会议结束前，中国驻印尼使馆举办了欢送周总理先期回国联欢晚会，当《茉莉花》乐曲刚一奏起，周总理就走下舞池翩翩起舞。一曲终了，他特地走到孙子风、计秋霞等《茉莉花》的歌唱演员旁边，笑着说："我已经54年没有回家乡了，你们唱得好呀，唱得我都想起苏北老家来了。"

最早演奏《茉莉花》乐曲的重大场合是1997年7月1日的中英香港政权交接仪式。6月30日午夜，交接仪式之前，中英双方的军乐团分别演奏5支曲子。中方演奏的第一支曲子就是《茉莉花》。随着乐曲声响起，外宾们一张张严肃的面孔，开始有了笑容，有了喜悦；第二段乐曲奏起时，中外人士开始打起了招呼；第三段奏完后，全场响起热烈的掌声。《茉莉花》在这个特殊时间、特殊场合，起到了意想不到的特殊催化作用。

1999年，中葡澳门政权交接仪式上，2001年上海APEC会议上，都演奏了《茉莉花》乐曲。

2002年摩纳哥蒙特卡洛上海申办世博会的宣传片中，也演奏了《茉莉花》。

2004年俄罗斯总统普京访华，中央有关方面指定江苏演艺集团女声小组进京，专门演唱《茉莉花》与《红莓花》。

2005年4月28日，中共中央政治局常委、国务院副总理李岚清视察江苏，在南京艺术学院接见了何仿，他说："《茉莉花》在摩纳哥蒙特卡洛上海申办世博会中起了很大作用。"

2005年，在中央电视台春节歌舞晚会上，由彭丽媛演唱；

2005年，在中央电视台中秋晚会上，采用古筝演奏；

2008年，在博鳌亚洲论坛2008年年会文艺晚会上演唱。

2008年，在北京奥运会颁奖仪式上作为背景音乐播放。

2013年，在中央电视台春节联欢晚会上，由宋祖英与席琳迪翁演唱。

2014年，在第二届夏季青年奥林匹克运动会开幕式上作为伴奏。

2016年G20杭州峰会文艺演出《最忆是杭州》上，改良版的歌曲《难忘茉莉花》中"好一朵美丽的茉莉花"的旋律再次成为当场的压轴节目。

2023年，第31届大运会在成都开幕。开幕式上中外名曲荟萃，而当中国队作为东道主最后入场时，现场响起大气磅礴的交响乐版《茉莉花》。这首在中外均享誉盛名的经典民歌，此时再次吸引全球人民的注意。

这正验证了法国作家罗曼·罗兰的名言：越具有民族特色的艺术作品，越具有世界性。

《茉莉花》简直成了“中国名片”。

二、民歌《茉莉花》歌词赏析

江苏歌曲《茉莉花》主要描绘了一位想摘花姑娘的矛盾心理：害怕责骂、笑话，害怕伤了茉莉花。整首歌曲多次运用比兴手法，刻画了一位天真烂漫、惜花爱花的纯洁小姑娘的美好形象，体现了人们对美好爱情的追求，对真、善、美的向往，带着我国传统文化独特的审美情趣，给人一种江南水乡的诗情画意之感。同时歌曲旋律优美，意境和谐，以一种“软实力”的竞争模式渗透人心。

（一）歌词中的意象

在我国的传统文化之中，人们常把主观情感融入到客观物象之中，用来表达自己的情意，久而久之，人们统称这种客观物象为意象。“诗”最初都是乐歌，有风、雅、颂三部分。顾名思义，风，即是风土之音，代表着我国各地的民歌。《茉莉花》的意象雅致，深情，且又鲜明突出。

古往今来，花一直作为自然界美好事物的代表，常被人们作为意象形容美貌的女子，在我国的古典诗词之中，有许多以花喻人的例子。可以说，一部古代文学史，就是一个百花园。茉莉花属于一种常绿小灌木，每年花开，洁白似雪，香味清幽淡雅，深受人们的喜爱。在歌曲中，茉莉花色洁白透明，纯净如玉，“满园花开香也香不过它”语句十分朴素自然，毫无雕琢的痕迹。同时，茉莉花幽香迷人，花朵玲珑别致，作者选择的意象“茉莉花”在大自然中属于较小且静态的事物，悠扬的歌声中让人享受一种恬静、清新的优美情调。同时，茉莉花质朴的外表，淡雅的花色，清逸的香味，岁岁开花，香气清雅，都体现了我国劳动人民的淳朴、善良，两者有着相同的特征，浸润着清幽的华夏情味。

《茉莉花》正是利用意象描述，采用融情入景的方式，借助赞美朴实无华的茉莉花来赞美勤劳善良的劳动人民，在歌颂纯洁真诚的爱情同时，也抒发了人们对于爱情的向往和追求。

（二）歌词中的意境

民族音乐都深受民族思想文化的影响，有着浓重的民族之风。然而，中国是诗的国度，在孔子的《论语》中，有“不学诗，无以言”之说。同时，深受中国儒家思想和道家思想的影响，中庸之道以及虚无自然的哲学思想一直渗透在中国的传统文化之中，“言有尽而意无穷”的“含蓄”成为诗歌艺术的追求目标。因此，我国的音乐更注重意境给人神似之感。当然了，在我国的音乐中，也有一些重形似的作品，例如《十面埋伏》，就是利用特殊的激发，逼真地再现了战场厮杀之声，让人产生身临其境之感。虽然如此，更多的中国音乐更注重内在情感意象，音简意长，味深隽永，发人深思。

歌曲《茉莉花》正是描写了一位姑娘想摘茉莉花，但是又担心被人责骂，又怕伤了茉莉花的心理。整首歌曲音乐形象鲜明生动，运用多种表现手法，生动地描绘了欲摘不忍、欲弃不舍的情窦初开的少女想摘茉莉花的矛盾心理。首先歌曲中唱道“我有心采一朵戴，又怕看花的人儿要将我骂”，继而又唱道“我有心采一朵戴，又怕旁人笑话”，最后歌曲中唱道“我有心采一朵戴，又怕来年不发芽”，整首歌并不是在叙事，它拥有自己的情节性，如同抒情，通过歌曲，一个百花盛开的花园，美丽善良的青春少女，美丽的茉莉花，惜花爱花之情，都在音乐之中一一闪现。透过少女的身影，茉莉花代表了青年男女对爱情的渴望和追求，代表了我国人民的淳朴和善良。

《茉莉花》歌曲旋律独特又不失韵致，而且歌词中，美丽的少女和大自然融为一体，巧妙融洽，带着优美的诗情画意，给人一种轻松活泼有趣之感，自然清新，情景交融，雅致静生。它的审美对象以及主体感受之间一直都是一种和谐的关系，在人的心理感受上，容易产生平缓、恬静、愉快、亲切、轻松、闲适以及随和、舒坦之感，让人心旷神怡

（三）歌词中的节奏

在《诗经》中，运用了大量的艺术形象和丰富的艺术手法，其是我国诗歌文明的源头。其中，《诗经》最重要的艺术表现形式之一就是重章叠句，造成一种一唱三叹的效果。这种表现形式一方面给人一种外在的形式美，从其结构上看，保证了内容不长不短，正好满足了诗歌的主题功效；另一方面也含有一种内在的形式美，结构相同，内容变化不大，主题却在逐步递进，感情变化起伏。读者能够随着内在和外在的变化，产生情感的融合和共鸣。《茉莉花》正是利用《诗经》一唱三叹的表现手法，以“好一朵美丽的茉莉花”开头，通过三次重复吟唱，虽然结构和歌词变化不大，但是却从花香、花色以及花态三个方面描绘、赞美了茉莉花，同时每一段歌曲中体现的感情也不相同，刚开始因为害怕责骂的胆怯，随

后因为害怕笑话的羞涩，最后因为担心的忧郁，感情细致，变化细腻，传神地表现了姑娘的天真和善良，花美，人美达到了完美统一。

《茉莉花》全部的歌词只有三段，风格细腻优雅，通过具体可感的茉莉花，利用景象和物象上的概括诗化，含蓄地表现多彩复杂的人物性格和心理变化情景，体现了男女间淳朴柔美的感情。同时，感人心者，莫先乎情。任何艺术的表现都离不开“情”的散发。《茉莉花》的本体从属于诗体，且其作为音乐文学以抒情为主旨，我们在分析曲子体现的感情时，就离不开其词情和曲情。词情是曲情的导向，结合《茉莉花》的词情进行分析，“香不过它、白不过它……”没有虚幻的夸饰，空乏的表情，只是对茉莉花简单地进行描述；曲情是词情的深化与发挥，结合《茉莉花》的曲情进行分析，“香不过它、白不过它……”表达了作者对“茉莉花”的喜爱之情，是主人公内心情绪的真实写照。同时，结合《茉莉花》曲调的配置以及曲式的运用来分析，一拍一字或半拍一字，运用五声音阶，演唱速度稍快，节奏稳重且富于变化，旋律婉转流畅，整体的风格气质上体现强烈的抒情性，表达了对茉莉花深切的爱恋之情。

三、茉莉花的音乐艺术文化价值

由明清时期的俗曲《鲜花调》到《茉莉花》，从一个地方的民间小调到如今的世界经典，这样一个巨大的成功经验让我们深深的认识到：音乐是无国界的，中国的民族民间音乐，不仅是我们本民族的优秀曲目，而且我们也有义务、有责任让更多的人看到、听到、了解到我们中国的经典音乐。因此我们应该要与世人分享，与全世界的人分享。

为了我们的经典民间小调《茉莉花》流传于世，让更多的人听到，我们的音乐工作者们以及民间艺人等都对其抱着“取其精华，去其糟粕”的创作态度、对作品进行精雕细琢，从而创造出具有中国特色的精品佳作。当年胡锦涛主席，在出访肯尼亚时，肯尼亚内罗毕孔子学院的学生们为了表示对主席的尊敬、对中国的友善态度，学生们激情四溢的为主席演唱了一首经过改编创作的洋版本的《茉莉花》时，外国作曲家将我们的《茉莉花》中的优美旋律，融入到了歌剧《图兰朵》，虽然经过改编的《荣莉花》与我们本来的有所不同，但在歌剧《图兰朵》中仍然能清楚的听出歌剧里的优美旋律是我们江苏的《鲜花调》，所以胡主席当时心情很激动并当场对孔子学院的学生们进行了即兴演讲，主席高兴的说：“你们刚才唱的《茉莉花》是我家乡的民歌”。

《茉莉花》在成为世界经典之后我们发现了一个新的问题，即由于中国与外国的音乐文化与历史背景不同、国情不同以及中国人与外国人的思想与性格上的不同，都导致了歌曲内容所表现的情感与场景，跟中国的原生态的《茉莉花》风格完全不同。江苏民歌《茉莉花》它的歌词内容共包含三段，唱词内容表现的是想采而始终未采，透着一份东方民族含蓄内在的美，而洋版本的《茉莉花》表现出了那种毫无顾忌的心里状态，所以我们欣赏时的感觉也不同，中国版的《茉莉花》含蓄委婉，洋人版的《茉莉花》，在情感表现方面则比较直接。从这一问题来看我们的《茉莉花》成为了世界经典对于外国人来说，他们看中的是我们的《茉莉花》旋律优美、音乐婉转动听，他们只是吸收借鉴了我们柔美婉约的曲调，却因国人与洋人的思想性格不同，而不能完全理解和认识到我们悠久的历史文化，所以两者的差别也就泾渭分明。

随着时代的进步与当地文化环境的不同，而予以发展派生出更多的传统音乐体裁，那么它将成为人们世代流传的歌曲，并且不管它流传到哪个地区都会与当地的风俗习惯、语言语调特点、地域特色以及演唱风格等适当的结合，从而产生出新的风格特色的作品。但不管《茉莉花》有多少种变体，它都最直接的反映了地区的历史文化，当地的风土人情以及人们的日常生活等。《茉莉花》是我国各地乃至全世界广泛传唱和推崇的文化瑰宝，它既是民族的，也是世界的。

本章小结

本章的主要内容是茉莉花与文学。一千多年的传播历史，使茉莉花成为我国文学作品重要的部分。本章通过诗词中茉莉花、散文中的茉莉花、丹青中的茉莉和小说中的茉莉花和歌词中的茉莉花四部分来介绍关于茉莉花在文学中的意义。

课后思考题

一、填空题

1.__________，梵树落菩提。（李群玉《法性寺六祖戒坛》）

2. 他年我若修花史，__________。（江奎《茉莉花》）

3.“江南茉莉粉，涂颊发天娇”，是形容茉莉的________功能，茉莉粉涂抹在脸颊上可以使女子皮肤更加娇美。

4. 在小说《红楼梦》中，茉莉花与__________联系在了一起。

5. 民歌__________如今已经成为中国文化的标志。

二、选择题

1.（　）时期，茉莉文学的繁盛期，“茉莉”一词也开始有了“正字”，即标准的写法。

A. 汉唐　　B. 宋元　　C. 明清

2. 金圣叹在《狱中见茉莉花》描绘茉莉花“名花尔无玷，亦入此中来。”从中可以看出诗人对茉莉的吟咏不仅仅局限在对茉莉花的外在的描写，更多地托物言志，开始在茉莉身上寄予了（　）的性情。

A. 美丽　　B. 高士　　C. 君子

3. 民歌《茉莉花》在传播的过程中形成了多种版本，而在各地流传的《茉莉花》版本中，（　）民歌是目前流传最广泛的。

A. 河北　　B. 上海　　C. 江苏

4. “香从清梦回时觉，花向美人头上开。”这句诗出自明末清初王士禄《咏茉莉》，说明当时民间女子多用茉莉花来（　）。

A. 妆扮　　B. 制酒　　C. 食用

5. 茉莉花与瑞香、忍冬、石榴花合称（　）的“四大圣花”。

A. 儒家　　B. 佛教　　C. 道教

第三章　茉莉花与茶

茶丰富了人们的审美与内涵，人们也通过创作文学作品赋予了他们全新的含义。茉莉花茶是一种具有悠久历史和丰富文化内涵的饮品。它以美丽的茉莉花为原料，经过窨制工艺与茶叶相结合，制作而成。茉莉花茶不仅香气浓郁、口感丰富，还有着丰富的营养价值。

第一节　茶文化

茶文化既是我国传统优秀文化中不可或缺的组成部分，又深受我国传统文化所带来的影响，关于茶的文学作品非常丰富。茶的文学作品不仅是表现茶文化的载体，还是我国传统文化、哲学思想的体现。

一、茶文化的起源

关于茶的起源问题，一直争议颇多。此前虽一直有《茶经》流传下来的关于茶的起源的“茶之为饮，发乎神农氏”之说，然由于“神农时代”乃跨旧石器晚期到整个新石器时代，且无确切史料证据证明，只能作为传说姑且听之。除了“史前神农”说，史籍中关于茶的人为传播和利用的最早记载便是“巴蜀入秦”说，顾炎武在《日知录》中提到“自秦人取蜀，而后始有茗饮之事”，即茶是秦占领巴蜀之后开始慢慢向外传播开来的。加之巴蜀地处原始茶树起源中心、次中心的中国西南地区，此一说法获得了较多支持。不过，茶在传播之前必然经过一个漫长的发现和利用的过程，但最初对茶的利用究竟发生在何时，始终无法确认具体时间。从 2004 到 2015 年的 10 余年间，考古人员对河姆渡遗址、田螺山遗址的挖掘取得了一系列重大进展，并得出结论：田螺山遗址出土的三丛树根为山茶属茶树植物的遗存，距今 6000 年左右，是先民在此人工种植树木的遗存。至此，富有神话色彩的陆羽“史前神农”说得到进一步验证。

传统考古学在茶树根系的挖掘和断定这一步便完成了它的使命，而涉及自然、人文、社会诸领域的新考古学的工作才刚刚开始。考古学家们在综合运用诸如“聚落考古学、环境考古学、生态考古学、文化考古学、植物考古学、地质考古学、疾病考古学、考古人类学，乃至动物、病理、遗传、语言、宗教信仰”等知识的基础上，还原了古代先民所处自然环境和社会环境，人们的生存状态和生存能力等，将原始人类利用茶树、人工栽培茶树的历史情境展现在我们眼前，让我们得以窥见人与茶最初相遇的历史时刻，再现茶文化产生之初人与环境的交互状态。经过专家的还原，可以推断，处于新石器时代的古代先民已经开始对动植物进行驯化，原始农业逐渐形成。跨湖桥遗址出土的碳化稻谷和最早的家猪都可以证明这一点。人类在对环境进行干预的同时，环境也影响着人类。由于家畜与人共同居住，动物身上的病毒会传染给人。围井技术发明后，人们在获得干净稳定水源的同时，水也成为传播病毒的介质。跨湖桥遗址中发现了人畜共患的鞭虫虫卵，提供了人类健康面临病毒病菌威胁的证据。原始人类抵御疾病的能力十分脆弱，实践经验告诉他们：既然病从口入，那么治病也应该从吃上解决。“神农尝百草”尽管是传说，却符合原始人解决问题的基本逻辑，至少古代先民尝试各种植物以杀病菌解病毒，从而掌握了大量植物入药的经验知识的这一推测是合情合理的。跨湖桥遗址出土的疑似中药罐的夹砂黑陶釜的文化特征，也与传说中《黄帝内经》所载和神农尝百草的时期相吻合。与跨湖桥遗址毗邻的田螺山遗址，也发现了鞭虫和毛线虫等人畜共生的寄生虫虫卵，而田螺山发现的茶树根，是规律地生长于人类定居场所周围的，可以推测田螺山的原始人类已经开始人工栽培种植茶树。至此可以初步判断，已散佚的《神农本草经》记载的“神农尝百草，日遇七十二毒，得茶而解之”的传说具有一定的可信度，河姆渡原始人类对茶的认识和利用，应是从茶的药用价值开始的。

图 29　古茶树（图片来源：网络）

在河姆渡先民以人为中心的定居生态环境中，茶树是以其药用价值进入人类生活视野的。当然，不同地方的先民底层逻辑并不相同，甚至差异巨大，对茶的利用，也并不全是从茶的药用价值开始。在云南勐海、澜沧等地发现的古茶树植物群落，间接证明了云南少数民族利用茶的悠久历史。从爱茶的德昂族和布朗族的饮食习惯，可以追溯他们的祖先古“濮人”吃茶和饮茶的方式，茶不仅可以作为饮品，还可盐腌或发酵食用，作为蔬菜的补充。《茶经》引用《广雅》中的一段话，记录了荆巴地区用茶熬汤，葱、姜、橘子“芼之”，用以醒酒的使用方法。无论食用、饮用还是药用，都属于茶的饮食文化。如果按照文化分层理论，茶与表层文化融合，构成茶的饮食文化；与中层文化融合，构成茶艺、茶礼、茶俗等文化；与底层文化融合，形成茶道文化。此时的茶文化仍属于表层文化阶段。中华茶文化的表层文化经历了漫长的发展阶段，加之中国先民对自然之物的深入观察、透彻理解和善于利用，使得茶的饮食文化一直在中华茶文化中占据主要地位，并获得从文化主体角度论中华茶文化的起源和传播充分发展。时至今日，茶的表层文化仍然是茶对人最重要的价值。不仅如此，对茶的饮食药用功能研究得愈精深，对茶性的认识就愈精准，这也是一切茶文化的基础和源头活水。

二、茶文化的发展

茶并非天生显贵。在几千年漫长的历史时期，茶与其他食材、药材相比并无超胜之处。让茶进入文化人视野，从此登堂入室成为特殊的文化符号的历史事件，莫过于陆羽《茶经》的问世。如果按照文化客观主义的研究方法，应以《茶经》作为开创中华茶道的历史节点。但若以文化主体为出发点进行分析，中华茶道的开创则是跨越唐宋几个世纪、涉及多个阶层文化主体共同创造的过程。

《茶经》只是茶文化从表层向中层和底层过渡，茶的功能从饮用、药用向生活品位、审美、自我提升等功能过渡的开始。《茶经》虽涉及人文，但大部分篇幅仍着眼于茶的采制、品饮和器具的介绍以及历史资料的整理收集。在茶的中层文化和底层文化形成中，僧侣阶层起了重要作用。不仅茶圣陆羽从小在寺院做茶童，深受寺院茶文化的熏染，更有宋代禅茶文化成功东传至朝鲜和日本，成为文化传播的典范。因此本节主要以佛教僧侣为主体，观察唐宋禅茶文化的兴起与传播。

茶在进入僧侣阶层之前，已在民间流行。关于寺院兴茶的记载始见于《封氏闻见记》中的一段话：“茶，早采者为茶，晚采者为茗。《本草》云：‘止渴，令人不眠。’南人好饮之，北人初不多饮。开元中，泰山灵岩寺降魔师大兴禅教，学禅务于不寐，又不夕食，皆许其饮茶。人自怀挟，到处煮饮。从此转相仿效，遂成风俗。自邹、齐、沧、棣，渐至京邑，城市多开店铺煎茶卖之，不问道俗，投钱取饮。其茶自江淮而来，舟车相继，所在山积，色额甚多。”很多人将这一段史料解读为，是禅寺带动了唐朝饮茶之风的兴起。其实并未见得。寺院饮茶有可能是受到民间饮茶之风盛行的影响，更重要的是因为茶的提神功能适合禅修之人对治昏沉，精进修行。寺院饮茶文化在茶文化史上有着举足轻重的作用，茶从众多食材、药材中脱颖而出，成为精神文化的象征，便滥觞于寺院茶礼和禅茶文化。

佛教自东汉传入中国，一直努力与中国文化融合。至唐，禅宗的兴盛终于使佛教中国化步入了快车道。唐代僧侣是社会中文化水平相对较高，且对自己很有要求的一群人，在当时社会是备受尊敬的阶层。尽管时而有皇权开展灭佛运动，更能侧面说明佛教僧侣阶层的影响之大。为修行得道，僧侣要遵守戒律清规。少眠少食，节制欲望便是很重要的修行。很多修禅之人持过午不食戒。而茶汤能够被允许饮用，最初确实是因其提神的特质，能够帮助修行人减少睡眠。最初茶在寺院中的饮用方法与俗世并无二致："茶只是僧众在修行时用以解乏提神，礼敬三宝，并无蕴有特别的禅意，反倒与世俗儒家饮茶之旨趣别无二致"然茶能被僧侣阶层选中，注定了它的不凡。僧侣的精进修行、俭朴克制的品行，使得茶具备了与"精行俭德之人"相宜的特质。这种特质也符合儒家"克己、慎独"的价值追求，成为后来人们茶文化的理念基础。

茶禅文化缘起于一段"吃茶去"公案。禅茶文化产生的背景是饮茶成为寺院日常生活的重要组成部分。"马祖建丛林，百丈立清规"后，禅宗得以在唐朝兴盛，而"不立文字，直指内心"的宗门教旨，发展出独特的祖师禅对机接引的教学方式。公案记录了各派祖师在不同的事件、情境、对话中应机点化，帮助学生开悟的教学案例。在公案的传播与交流中，逐渐产生了一些典型案例，形成一些教学效果比较好的禅语，即话头。"吃茶去"是其中比较有名的。《祖堂集》中关于"吃茶去"话头的记载共有八处。根据这八个案例的描述，可大概知晓"吃茶去"的话头往往被用于"有所求"的情境，提示当事人，平常心是道。所谓言语道断，不如向行、住、坐、卧、吃茶这些最平常之事中参悟。可见，茶成为禅宗"吃茶去"公案的主角，并非由于茶有什么特殊，恰恰是因为它的平常。因此，理解禅茶的根本并不在于挖掘茶的特点，而在于对禅的理解和把握。禅正是僧侣主体的底层逻辑。《祖堂集》中所记载的"吃茶去"公案发生于唐代，"是禅味十足的接引之语，既无过分追求玄妙之处，也没有宋代以后胶柱鼓瑟死参话下的那般执着"。这些公案体现了文化主体的底层逻辑是一颗平常心，也反映了当时禅宗初兴时的纯然状态。

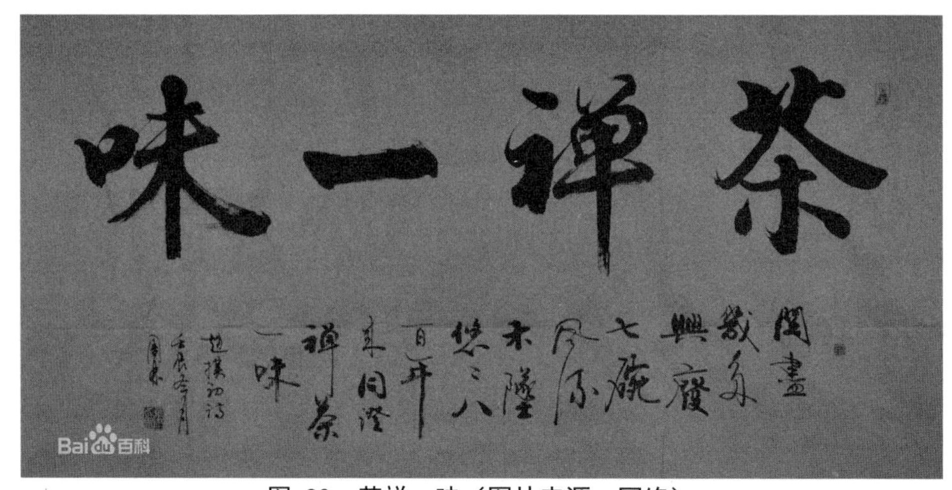

图 30　茶禅一味（图片来源：网络）

以祖师禅为代表的唐代禅，虽然灵活机敏，却也不断让位于以公案禅为代表的宋代禅。佛门中禅与茶的关系也从较不稳定的公案，逐渐“以更为普遍和稳定的茶礼的方式流传下来……既存续了茶在佛门仪轨中的日用常行之功效，也适度保留了茶所带有的机锋转语之色彩”，茶也从一种修行的情境，转变为“禅茶”，一种修行的法门。茶礼的形成和广泛应用，在《百丈清规》和《禅苑清规》中都有比较详细的记载。禅茶文化和寺院茶礼从一个侧面反映了佛教中国化的历程。茶礼和禅茶最终成为僧侣茶文化之中层文化的主要内容，同时也具备了向其他文化主体普及的方便形式，并趁儒释道三教合流之势，逐渐向俗世各阶层传播。不仅如此，以禅茶和寺院茶礼为主要内容的茶文化也借由禅宗传往日本，奠定了日本茶道的基础。

三、茶的文学意象

茶文学的产生和丰富，与人们群体爱茶、嗜茶密切相关。唐代的陆羽一生爱喝茶，并精于茶道，他对于煮茶、饮茶、茶器和泡茶的水质等都有深入的研究。不仅如此，编撰有世界上第一部茶叶专著《茶经》，被后人誉为“茶仙”、“茶圣”。诗人白居易在《谢李六郎中寄新蜀茶》诗中吟道：“汤添勺水煎鱼眼，末下刀圭搅曲尘。不寄他人先寄我，应缘我是别茶人。”自称自己是“别茶人”。蒲松龄在路口摆起茶摊，收集了一部《聊斋志异》。对于吃货汪曾祺来说“不论什么茶，总得是好一点的。太次的茶叶，便只好留着煮茶叶蛋。”林语堂喝茶，先要有聊得来的人，还得有舒服讲究的环境。老舍更是直言：“我是地道中国人，咖啡、蔻蔻、汽水、啤酒，皆非所喜，而独喜茶。有一杯好茶，我便能万事静观皆自得。”

茶具有丰富的意象，惟其如此，茶人经常在诗词歌赋中借茶来表现自身的价值观。茶的文学作品能够从叙事上升到哲学思辨的高度，与此同时，社会大众也可以透过茶诗来感悟诗人所推崇的哲理以及所追求的境界。

第二节　茉莉花茶的起源

花茶属于再加工茶类，再加工茶类是以基础茶类为原料，经过窨花、拼配、压制、造型等工艺进一步生产出来的商品茶，茉莉花茶按照工艺属于花茶类，花茶的制作出现的时间稍晚，但在中国也至少有一千年的历史了。茉莉花茶又叫茉莉香片，属于花茶，花茶属于再加工茶，有茶的身骨，又有花的馨香，是茶与花完美结合的产物，诗一样美的茶；茉莉花茶是将茶叶和茉莉鲜花进行拼合、窨制，使茶叶吸收花香而成的茶叶。

一、茉莉花茶的起源

我国花茶制作历史悠久。南宋陈景沂《全芳备祖》中提到茉莉曾写道：或以薰茶及烹茶尤香。

此外，在文学作品中，南宋施岳的词《步月·茉莉》中有“玩芳味，春焙旋熏，贮秾韵，水沈频爇”的句子，这也是在描写茉莉窨茶的情节。由此可见，至于南宋，茉莉这种花卉已经被用来窨制茶叶，但相关记载还并不多。到了元代，倪瓒的《云林堂饮食制度集》中也提到花茶的窨制：

桔花茶（茉莉同）：以中样细芽茶，用汤罐子先铺花一层，铺茶一层，铺花茶层层至满罐，又以花蜜盖盖之。日中晒，翻覆罐三次，于锅内浅水熳火蒸之。蒸之候罐子盖热极取出，待极冷然后开罐，取出茶，去花，以茶用建连纸包茶，日中晒干。晒时常常开纸包抖擞令匀，庶易干也。每一罐作三四纸包，则易晒。如此换花蒸，晒三次尤妙。

到了明代，关于茶的著述开始大量出现，越来越多的茶专著中开始提到花茶的制作，比较具体的有明代的《调燮类编》，具体叙述了茉莉等花茶的制作：

木樨、茉莉、玫瑰、蔷薇、兰蕙、橘花、栀子、木香、梅花皆可作茶。诸花开时，摘其半含半放，蕊之香气全者，量其茶叶多少，摘花为茶。花多则太香，而脱茶韵；花少则不香，而不尽美。三停茶叶一停花始称。假如木樨花，须去其枝蒂及尘垢虫蚁。用磁罐一层茶，一层花，投间至满。纸箬紮固，人锅重汤煮之，取出待冷。用纸封裹，置火上焙干收用。诸花仿此。

这时的茉莉花茶制作方法基本定型了，而且对选料、花和茶叶的数量多少开始有一定的讲究。一般用新鲜的茉莉花和茶叶层层在密封罐中铺叠至满，再加热蒸煮后冷却，利用茉莉花中的香气渗透入茶叶当中最后焙干使用。这种窨制方法与现代茉莉花茶的窨制原理基本是相同的。

茉莉花茶真正大规模窨制生产，始于清代咸丰（1851 至 1861）年间，尤以福州所产茉莉花茶最盛，并且以商品的形式远销北方尤其是京津地区，北方人把茉莉花茶叫做“香片”。茉莉花茶也因为福建地区茶业的发展、茉莉的窨制，开始逐渐取代其他花茶，成为了最主要的花茶种类。清末市场上的花茶一般就是茉莉花茶。慈禧太后尤喜欢茉莉，她不仅爱簪戴茉莉，更爱饮茉莉花茶，尤爱茉莉双熏，即将熏制过的茉莉花茶在饮用前再次用茉莉花熏制一遍。到了民国，福州地区的茉莉花茶继续蓬勃发展。著名女作家冰心出生在盛产茉莉花茶的福建，她的文章中就经常提及她故乡的茉莉花茶。

在我们今天很多人看来，茉莉花茶的地位远不如中国的六大茶类，但它在历史上是有其辉煌时期的。现在生产茉莉花茶的地区除了式微的福州以外，还有广西横州、江苏苏州、浙江金华等地。其中广西横州有我国最大的茉莉花种植基地。

二、茉莉花茶的发展

茉莉花茶在中国有着悠久的历史和文化传承。早在唐代，诗人杜甫就曾经写下“小鼎煎茶面曲池，白须道士竹间棋”的诗句，可见当时就已经有以茉莉花为香气的茶了。

到了明朝时期，茉莉花茶已经成为宫廷和民间的主要饮品之一。明朝文学家冯梦龙在《警世通言》中有一篇故事《王安石三难苏学士》，讲述的是苏东坡被王安石故意刁难的故事，其中有一段描写了茉莉花茶的情景：“宋神宗熙宁年间，枢密使文彦博出镇长安。忽一日遣人至洛阳，请留守苏东坡赴长安消暑。苏东坡那时在洛阳，初得及第，正要谋充留守判官，连连不允，此时忽然得此消息，以为奇遇，即刻差人禀知文彦博。得授东坡径往长安。东坡至京见文彦博，彦博果以留守判官相待。在京月余，一日，二人前去金明池游玩。但见人头簇拥，如蚁如蝇，身无着落，目不暇给。盖金明池上，正在比船设榭，舒江列湖，以供游赏。而好事者多以彩舟载酒、歌姬劝饮，抵掌谈笑以佐欢谑。”这表明当时茉莉花茶已经在金明池这样的旅游景点中流行了。

到了清朝时期，茉莉花茶的制作工艺更加精湛，成为皇家贡品之一。清朝文学家吴敬梓在《儒林外史》中曾经描写过一位官员的日常生活，其中有一段这样写道：“那南京的名人陈眉公说的最好：‘点起灯来便觉的天下是一个人；关起门来便觉得一个人是天下。’‘山泽之臞曰臞；江海之臞曰士。’‘牛溲马勃用不着，这是个药笼中物。’‘买田也买不成；朋友也做得艰难起来。’‘人的头衔如其做人之有体面；越是需要不得的贵重物，若了他也越有体面。’”“点起灯来便觉的天下是一个人”和“关起门来便觉得一个人是天下”这两句话表达了陈眉公对个人主义的理解，而茉莉花茶作为贵族精英文化的代表之一，在这段描写中被提及，也暗示了茉莉花茶在当时社会中的地位和影响力。

然而，到了20世纪50年代至70年代，由于历史原因和社会经济的变化，茉莉花茶的发展一度停滞。直到20世纪70年代末至80年代初，横州市的茉莉花茶产业逐渐崛起，并且逐渐发展成为当地的支柱产业和特色农业优势产业。横州市茉莉花茶的成功，不仅为当地经济发展做出了巨大贡献，还为中国的茉莉花茶产业注入了新的活力和动力。

三、茉莉花茶的文化内涵

茉莉花茶不仅是一种饮品，更是一种文化符号和情感纽带。在中国传统文化中，茉莉花被视为一种高雅、清新、婉约的文化符号，寓意着文雅、清新的生活方式和人生哲学。茉莉花茶的制作工艺更是凝聚了中华文化的智慧和精髓，它需要精湛的技艺、严谨的流程和苛刻的要求，才能制作出高品质的茉莉花茶。

茉莉花茶的文化内涵还体现在它的品饮过程中。品饮茉莉花茶需要耐心和细心，首先需要观茶色、闻茶香、品茶味，然后需要回味茶香、品味人生。在这个过程中，人们可以感受到茶的“色、香、味、意、趣”等美学元素，以及茶道所倡导的“清静、恬澹”的精神内涵。

除了在中国传统文化中具有重要意义，茉莉花茶在当代社会中也扮演着重要的角色。在现代社会中，人们的生活节奏加快，工作压力增大，品饮茉莉花茶成为了一种缓解压力、调节身心的方式。同时，茉莉花茶还被视为一种社交媒介，促进着人与人之间的交流和沟通。

四、茉莉花茶的营养价值

茉莉花茶是中国十大名茶之一，是摘自春天里的盛开的茉莉花和茶叶一起搭配生长地花茶，具有春天花朵的香气又有茶叶的清新之气，是口感香甜的受大家欢迎的花茶。由于茉莉花茶具有既保持了绿茶浓郁爽口的天然茶味，又饱含着茉莉花的鲜灵芳香，因此，它是我国乃至全球现代最佳天然保健饮品。常饮茉莉花茶，有清肝明目、生津止渴、祛痰治痢、通便利水、祛风解表、降血压、强心、抗衰老之功效。茉莉花香气主要是芳香油，成分较为复杂，主要成分是由乙酸、苯甲醇、芳樟醇、乙酸芳樟醇、茉莉酮、吲哚邻氨基苯甲酸、甲酯等七种组成，另外还有香叶醇、橙花椒醇、丁香脂等20多种化合物。明朝药物学家李时珍撰写的《本草纲目》中就对茉莉花的特征、性能、栽培管理作了记载，肯定其的药用价值。

1. 茉莉花茶的保健作用

常喝茉莉花茶对于女性来说不仅可以美容养颜、净白皮肤还能够抵抗衰老，还能疏通人体肠胃可以排宿便、顺气清脑、降低血压和血脂，还具有抵抗细菌和病毒治疗癌症的巨大的作用和功效。茶叶中的咖啡碱可刺激中枢神经系统，起到驱除瞌睡、消除疲劳、增进活力、集中思维的作用；茶多酚、茶色素等成分除能抗菌、抑病毒外，还有抗癌、抗突变功效。

行气开郁。茉莉花所含的挥发油性物质，具有行气止痛，解郁散结的作用，可缓解胸腹胀痛，下痢里急后重等病状，为止痛之食疗佳品。

抗菌消炎。茉莉花对多种细菌有抑制作用，内服外用，可治疗目赤，疮疡，皮肤溃烂等炎性病症。

疏肝明目。茉莉花茶润肤养颜，面色暗哑无华，有排毒养颜的功效。茉莉花茶有提神、清火、消食、利尿等保健作用。

茉莉花具有辛、甘、凉、清热解毒、利湿、安神、镇静作用，可治下痢腹痛、目赤肿痛、疮疡肿毒等病症。茉莉花茶既保持了茶叶的苦甘凉功效，又由于加工过程为烘制而成为温性茶，而具有多种医药保键功效，可去除胃部不适感，融茶与花香保健作用于一身，“去寒邪、助理郁”。

2. 茉莉花茶特殊禁忌

有些本身体质不好的人就不能够经常饮用。首先肠胃堵塞的人不应经常喝茉莉花茶，因为茉莉花中还有一些物质能够破坏胃粘膜的顺畅。神经不好或者压力大经常失眠的人不要经常饮用茉莉花茶，尤其是在晚上入睡前不要饮用茉莉花茶，因为茉莉花茶中含有咖啡因能够使人比较精神，使得大脑处于兴奋状态更加不能够入睡了。还有体虚贫血的人不要经常喝茉莉花茶，因为花茶中有一些元素含量高的话能够减少人体对铁的吸收。一种重疾病患者不适宜喝茉莉花茶，因为它造成身体发虚发凉不利于病症的治疗。

综上所述，茉莉花茶是一种具有丰富历史和文化内涵的饮品，它不仅具有独特的香气和口感，还具有丰富的营养价值和保健作用。在中国传统文化中，茉莉花被视为一种高雅、清新、婉约的文化符号，茉莉花茶的制作工艺更是凝聚了中华文化的智慧和精髓。在未来，茉莉花茶产业将继续发展壮大，为人们提供更多的健康保障和生活品质提升。

五、市场上流行的茉莉花茶种类

茉莉花茶按产地可分为广西茉莉花茶、龙团珠茉莉花茶、政和银针茉莉花茶、金华茉莉花茶、苏州茉莉花茶和四川茉莉花茶等，其产地及特点如下：

1. 广西茉莉花茶

中国茉莉之乡——广西横州，这里的茉莉花有着花期长、花朵大、花香浓、产量大的特点。传统的横州茉莉花茶是以绿茶为茶底，一般要经过：茶坯、窨花拼和、堆窨、通花、收堆、起花、烘焙、冷却、转窨、提花、匀堆、装箱等十多道工序。特别是最后一次窨制“提花”为了保证茶叶中茉莉花香的鲜灵纯净，不再复火烘焙，因此有着“三窨一提、五窨一提、七窨一提”的说法。由此可见横州茉莉花茶的制作技艺是非常的繁琐复杂的。

2. 龙团珠茉莉花茶

龙团茉莉花茶产于福州的中档茉莉花茶。因形似圆珠得名。茉莉龙团珠又称“茉莉花团”，系三窨的茉莉花茶，在茉莉花茶市场上占据了重要的地位。圆紧重实，匀整，香气鲜浓，滋味醇厚，汤色黄亮，叶底肥厚，耐泡。茶坯原料采用福鼎大白茶等茶毫多的茶芽品种，采摘一芽一叶或一芽二叶的鲜叶；茉莉花要选择当天成熟的硕大、饱满的花朵。茶坯经过杀青、揉捻、烘焙、冷却、包揉整形等工序而成，然后与茉莉鲜花搭配窨制。

3. 政和银针茉莉花茶

产于福建政和茶厂，主销北京、天津等地，其品质特点：外形芽条肥壮，满披茸毛，形似银针，色泽油润；内质汤色清澈明亮，花香芬芳、浓郁，冲泡3~4次花香犹存，滋味鲜浓醇爽回甘，叶底肥厚匀嫩，根根如针。

4. 金华茉莉花茶

金华茉莉花茶，简称金华花茶，产于浙江省金华市，以精制茶用茉莉花窨制而成。已有三百多年生产历史。是我国当前销往国际市场花茶的主要产地之一。其品种有茉莉毛峰茶、茉莉烘青花茶（分1 ~ 6级）、茉莉炒青花茶（分为1 ~ 6级），以茉莉毛峰品质最佳。茉莉毛峰茶全身银毫显露，芽叶花朵卷紧；色泽黄绿透翠，汤色金黄清明；茶香浓郁清高，滋味鲜爽甘醇；旗枪交错杯中，形态优美自然。

制作花茶所用毛茶一般均种植于海拔700 ~ 800米的高山上，兰溪毛峰即产于兰溪市的北山与蟠山上，举岩毛峰即产于北山上端的鹿田庄。其他多属山高、气寒、雨多、雾重、林茂、泉清，自然环境优越；土壤均为砂质红壤，土层深厚，结构疏松，富含腐殖质，有利于茶树生长及芳香物质的形成。茉莉花的著名产地就在金华市罗店乡。其地之土壤、雨量、气候均宜，更有双龙洞清澈泉水浇灌，加之当地有众多富有经验的花农，精心培植，不仅产量丰富，且质量上乘，具有头圆、粒大、饱满、洁白、光润，含芳香量高等优点。用以窨制花茶，风味超群。

5. 苏州茉莉花茶

茉莉花茶中的佳品，中国十大名茶之一。据史料记载，苏州在宋代时已栽种茉莉花，并以它作为制茶的原料。用作为，精选茉莉花，通过传统的窨制工艺，把茉莉花的香气融合到茶香中，香氛迷人，“窨得茉莉无上味，列作人间第一香。”如此天堂香味，倾倒无数茶人。

苏州茉莉花茶以所用茶坯、配花量、窨次、产花季节的不同而有浓淡，其香气依花期有别，头花所窨者香气较淡，“优花”窨者香气最浓。苏州茉莉花茶主要茶坯为烘青，也有杀茶、尖茶、大方，特高者还有以龙井、碧螺春、毛峰窨制的高级花茶。与同类花茶相比属清香类型，香气清芬鲜灵，茶味醇和含香，汤色黄绿澄明。

6. 四川茉莉花茶

碧潭飘雪、林湖飘雪、金针兰雪、峨顶飘雪、细芽飘雪、茉莉香雪；以四川峨眉山、蒙山、宜宾等所产川青为茶坯，具有独特的窨制工艺，代表品种为碧潭飘雪、林湖飘雪，独具风格。四川花茶，均采用四川本地天然鲜花窨制，以四川明前茶为茶坯，多重窨制，品饮此茶，花香不掩茶香，茶香混有花香，滋味鲜爽，层次感丰富。

第三节　花与茶的艺术

一、茉莉花茶茶艺

1. 冲泡原则

茉莉花茶的冲泡以能维持香气不致散失和显示特质美为原则。茉莉花茶的冲泡一般使用盖碗，盖碗适合冲泡重香气的茶，茶泡好后揭盖闻香，既可品尝茶汤，又可观看茶姿。冲泡花茶也可使用瓷壶冲泡，方法与沏泡绿茶相同。

2. 用具

茉莉花茶茶艺用具如下表所示：

表格 1　茉莉花茶茶艺用具

序号	器具名称	数量	质地
1	盖碗	3	玻璃
2	茶叶罐	1	玻璃
3	水壶	1	玻璃
4	茶匙	1	竹制
5	茶匙架	1	竹制
6	茶巾	1	棉质
7	水盂	1	玻璃
8	赏花荷	1	木质
9	茶盘	1	木质

3. 程序

花茶是诗一般的茶，它融茶之韵与花香于一体，通过“引花香，曾茶味”，使花香茶味珠联璧合，相得益彰。从花茶中，我们可以品出春天的气息。所以在冲泡和品饮花茶时也要求有诗一样的程序。

第一道：烫杯我们称之为“竹外桃花三两枝，春江水暖鸭先知”，是苏东坡的一句名诗，苏东坡不仅是一个多才多艺的大文豪，而且是一个至情至性的茶人。借助苏东坡的这句诗描述烫杯，请各位充分发挥自己的理想力，看一看在茶盘中经过开水烫杯洗之后，冒着热气的、洁白如玉的茶杯，像不像一只只在春江中游泳的小鸭子？

第二道：赏茶我们称之为“香花绿叶相扶持”。赏茶也称为“目品”。“目品”是花茶三品（目品、鼻品、口品）中的头一品，目的即观察鉴赏花茶茶坯的质量，主要观察茶坯的品种、工艺、细嫩程度及保管质量。如特级茉莉花茶，这种花茶的茶坯多为优质绿茶，茶坯色绿质嫩，在茶中还混有少量的茉莉干花，干花的色泽应白净明亮，这称之为“锦上添花”。在用肉眼观察了茶坯之后，还要干闻花茶的香气。通过上述鉴赏，我们一定会感到好的花茶确实是“香花绿叶相扶持”，极富诗意，令人心碎。

第三道：投茶我们称之为“落英缤纷玉怀里”。“落英缤纷”是晋代文学家陶渊明先生在《桃花源记》一文中描述的美景。当我们用茶匙把花茶从茶荷中拨进洁白如玉的茶杯时，干花和茶叶飘然而下，恰似“落英缤纷”。

第四道：冲水我们称之为“春潮带雨晚来急”。冲泡花茶也讲究“高冲水”。冲泡特技茉莉花茶时，要用90° 左右的开水。热水从壶中直泻而下注入杯中，杯中的花茶随水浪上下翻滚，恰似“春潮带雨晚来急”。

第五道：闷茶我们称之为“三才化育甘露美”。冲泡花茶一般要用“三才杯”，茶杯的盖代表“天”，杯托代表“地”，茶杯代表“人”。人们认为茶是“天涵之，地载之，人育之”的灵物。

第六道：敬茶我们称之为“一盏香茗奉知己”。敬茶时应双手捧杯，举杯齐眉，注目嘉宾并行点头礼，然后从右到左，依次一杯一杯地把沏好的茶敬奉给客人，最后一杯留给自己。

第七道：闻香我们称之为“杯里清香浮情趣”。闻香也成为“鼻品”，这是三品花茶中的第二品。品花茶讲究“未尝甘露味，先闻圣妙香”。闻香时三才杯的“天、地、人”不可分离，应用左手端起杯托，右手轻轻地将杯盖揭开一条缝，从缝隙中去闻香。闻香时主要看三项指标：闻香气的鲜灵度，二闻香气的浓郁度，三闻香气的纯度。细心地闻优质花茶的茶香是一种精神享受，一定会感悟到在“天、地、人”之间，有一股新鲜、浓郁、纯正、清和的花香伴随着清悠高雅的茶香，沁人心脾，使人陶醉。

第八道：品茶我们称之为“舌端甘苦人心底”。品茶是指三品花茶的最后一品，口品。在品茶时依然是“天、地、人”三才杯不分离，依然是用左手托杯，右手将杯盖的前沿下压，后沿翘起，然后从开缝中品茶。品茶时应小口喝入茶汤。

第九道：回味我们称之为“茶味人生细品悟”。人们认为一杯茶中有人生百味，无论茶是苦涩、甘鲜还是平和、醇厚，从一杯茶中人们都会有良好的感悟和联想，所以品茶重在回味。

第十道：谢茶我们称之为“饮罢两腋清风起”。唐代诗人卢仝的诗中写出了品茶的绝妙感觉。他写道：一碗喉吻润；二碗破孤闷；三碗搜枯肠，惟有文字五千卷；四碗发轻汗，平生不平事，尽向毛孔散；五碗肌骨轻；六碗通仙灵；七碗吃不得，唯觉两腋习习清风生。

图 31 茉莉花茶

二、花道和茶道

花道是我国花文化的一种表现形式。通过一定技术手法，将花材排列组合或者搭配使其变得更加的赏心悦目，表现一种意境或宏观场面，体现自然与人以及环境的完美结合，形成花的独特语言，让观赏者解读与感悟。通过插花这种艺术形式来表现自然的生命、展示自然的魅力以及人的内心世界对自然、人生、艺术和社会生活体悟的媒介，是人们借助于自然界的花草作为修身养性、陶冶情操、美化生活的一种方式。

茶道是我国茶文化的一种表现形式。是包括茶叶品评技法和艺术操作手段的鉴赏以及品茗美好环境的领略等整个品茶过程的美好意境，其过程体现形式和精神的相互统一，是饮茶活动过程中形成的文化现象。茶艺是茶道的表现形式，内容包括茶事活动中与茶叶相关的全部操作：选茗、择水、烹茶技术、茶具艺术、环境的选择创造等一系列内容。品茶、先要择，讲究壶与杯的古朴雅致，或是豪华庄贵。另外，品茶还要讲究人品，环境的协调，人们雅士讲求清幽静雅，达官贵族追求豪华高贵等。一般传统的品茶，环境要求多是清风、明月、松吟、竹韵、梅开、雪霁等种种妙趣和意境。茶道是形式和精神的完美结合，其中包含着美学观点和人的精神寄托。传统茶道，是用辩证统一的自然观和人的自身体验，从灵与肉的交互感受中来辨别有关问题，所以在技艺当中，即包含着中国古代朴素的辩证唯物主义思想，又包含了人们主观的审美情趣和精神寄托。

花道养心、茶道协和，花、茶给予人的不仅是它的闲适、淡雅的表象，更得于它们创造出来美的意境。

第四节　茉莉花茶与名人

茉莉花茶是一种非常受欢迎的花茶，它的芬芳香气和独特的口感，吸引了许多人的喜爱。许多名人也被这种茶所吸引，他们喜欢品尝茉莉花茶，享受其中的美妙。

一、茉莉花茶与毛泽东

众所周知，毛主席平生有四大爱好，分别是喝茶，读书，游泳，吸烟。但是在他生命的最后几年，他体弱多病，已经不能下水游泳，更是成功戒掉了陪伴他 60 余年的烟，唯独保留了喝茶和读书的好习惯。

按照当时的资料记载，毛主席的每月收入为 404 元（经过主动降薪），除去家中日常开销和招待客人外，剩下收入有大半都要花在喝茶吸烟上，光是喝茶这一方面，他每个月都要用掉 3，4 斤茶叶，花费 30 余元，即使有时薪资入不敷出，也不耽误他每天沏上一杯茶，阅读报纸或批示文件。无论是在战争年代还是和平年代，毛主席始终都要品上一杯浓茶再去工作，工作人员甚至为毛主席单独设计了一款自用茶杯，与客人用的茶杯仅有一处差异。

毛主席认为茶对世界文明的发展进步做出了不小的贡献“唐朝的茶圣 – 陆羽在历史上吹响了中华茶文化的号角，他的著作《茶经》是世界上第一部关于茶的专门著作，系统地总结了唐朝及其之前的茶叶生产，使用的经验，提炼出茶道精神，当茶文化传至日本后，形成了对日本社会有巨大影响的日本茶道；传至朝鲜半岛，形成了在韩国有广泛影响的韩国茶礼；经阿拉伯人传至欧洲，形成了欧洲人的下午茶习惯，间接促成了欧洲的工业革命；传至美洲，带去了新的饮食习惯和创造财富的机会！就连我们现代科学研究都指出茶叶对预防和治疗人体好多疾病都有益处！”

毛主席对茶文化是非常热爱和认可的，毛主席将茶叶看作生命的一部分，喝茶时连茶渣都会吃掉，一丁点都不浪费，他的保健医生徐涛不能理解这个嗜好，毛主席则说：“你们常说食补优于药补，而我要跟你说生活有四味药，那就是吃饭，睡觉，喝茶和大小便，吃好睡好，大小便正常就是比吃包括人参在内的任何药都要好！”看来毛主席已经将喝茶当作身体健康，延年益寿的公开秘密了，他还对徐涛说道：“你看，我们的药圣 – 李时珍就在他的著作里写过，喝茶不仅益思、明目，还能少卧、轻身，这个养生方法可不赖！”

新中国成立至今，福州茉莉花茶一直是国家的外事礼茶。1972 年，毛主席在书房会见尼克松总统时，桌上就摆放着用茉莉花茶冲泡的两杯茶。基辛格在回忆录中说：“我们第一眼看见的是一排摆成半圆形的沙发，都有棕色的布套，犹如一个俭省的中产阶级家庭因为家具太贵、更换不起而着意加以保护一样。每两张沙发之间有一张铺着白布的 V 字形茶几，正好填补两张沙发扶手间的三角形空隙。毛泽东身旁的茶几上总堆着书，只剩下一个放茉莉花茶茶杯的地方。”足见毛主席对茉莉花茶的喜爱。

图 32　毛主席采茶

二、茉莉花茶与慈禧

《清宫禁二年记》："其头饰上，珠宝之中，仍簪鲜花。白茉莉，其最爱者。皇后与宫眷，不得簪鲜花，但出于太后殊恩而赏之则可。余等可簪珠与玉之类。太后谓鲜花仅彼可用。"慈禧太后还规定白茉莉仅她可用，旁人均不可簪茉莉花。

慈禧太后对茉莉花茶尤为钟情，最爱喝的是茉莉双熏，即将事先熏制的福州茉莉花茶，在饮用之前再用鲜茉莉花熏制一次。

于是，在她的带动下，皇宫内茉莉花茶成为时尚，在京津的上层官员和外国人中，引起了福州茉莉花茶热，福州茉莉花茶成为贡茶。这也是福州茉莉花茶在历史上迎来的第一次辉煌时期。

三、茉莉花茶与冰心

著名作家冰心的祖籍福建长乐是个盛产茉莉花的地方，出生地福州又是盛产花茶的集散地。她曾在《茶的故乡和我故乡的茉莉花茶》一文中写到："中国是世界上最早发现茶利用茶的国家，是茶的故乡。我的故乡福建既是茶乡，又是茉莉花茶的故乡……而我们的家传却是喜欢饮茉莉花茶……"冰心 89 岁时，也在《我家的茶事》中写道："茉莉花茶不仅有茶的特有香味，还有浓郁的茉莉花香。"

冰心曾这样描述自己第一次接触茶："小时候看到父亲茶碗里有半杯茶，

是苦的。我从来不敢喝苦茶。我总是先倒半杯开水，然后从父亲的杯子里，加入一点浓茶，茶的颜色是淡黄色的。那只是解渴，不是品茶。”

她嫁给吴文藻后，家里有一套周作人赠送的日本茶具，包括一个竹柄茶壶和四个带盖的青花茶杯，但茶壶里装的只是凉开水。他们结婚后住在燕京大学燕南苑的时候，有一天闻一多和梁实秋走到一起，刚坐下，却说要出去，回去。他们买了烟和茶。从那以后，冰心的家人有意识地准备了茶和烟招待。

冰心爱喝茶，但据冰心回忆，他是“中年以后才有喝茶的习惯。”但是，这些机会都离不开小家庭的影响。她出身于一个爱茶之家，天生具备品茶、品茶的优越条件。冰心的爷爷谢銮恩是个茶人，根深蒂固，从对泡茶用水的重视程度就可以看出来。他用雨水而不是井水泡茶。福州的天气本来就潮湿多雨。每次下大雨，谢云恩就用竹管把屋檐下的雨水引到大大小小的水箱里。这样的水是最纯净的，没有泥土的味道。冰心的父亲一直保持着爷爷的习惯，直到举家迁往北京。由于北方干旱少雨，他不得不用自来水泡茶。然而，每次，为了让茶比水更香，他不得不放更多的茶。冰心对爷爷和父亲的行为印象深刻，后来也经常提起。

抗战期间，全家避难重庆，住在重庆歌乐山的冰心无聊地写道：“用一个男人的笔名，写《关于女人》游戏文学，赚稿费，一边酿福建乡亲送的茉莉香片解渴。这时，我总会想起已故的祖父和父亲，感受到茶的特殊香味。虽然不敢酿得太浓，但从那以后就一直喝。”冰心饮茶的历史可以由此数来，而这其中，对故乡亲人的向往，是饮绿茶滋味之外的韵味。

在歌乐山，老舍经常来她家，每次来都会要茶。他送给吴文藻和冰心的诗写道：“中年人快乐，汗流浃背，求好茶；且共儿争饼饵，暂忘兵贵在桑麻；酒喝多了，躺在窗前，短诗邀你逐句自吹；要留一点告别，台阶前点月钩。”

晚年的冰心已经形成了一个雷打不动的习惯：每天早上沏一杯茉莉香片，外加几朵杭菊花。家乡人都知道冰心对茉莉花茶的偏爱。当他们在北京拜访冰心时，最好的礼物是茉莉花茶。1990年底，冰心的女儿轻舞回福建，福建省文联党组书记林德冠去看望她。顺便说一句，她从家乡买了两罐茉莉花茶，让轻舞送给冰心，以表达她的感情。“没想到，几天后，冰心专门写了一封信，”林德观说。冰心在回信中写道：“女儿回北京，给了我两罐茶。不仅容器很好，茶也更有乡村风味！感激不尽！”

冰心一生爱茉莉花茶。

四、老舍与茉莉花茶

老舍（1899 年 2 月 3 日—1966 年 8 月 24 日），男，原名舒庆春，字舍予，另有笔名絜青、鸿来、非我等。因为老舍生于立春，父母为他取名“庆春”，大概含有庆贺春来、前景美好之意。上学后，自己更名为舒舍予，含有“舍弃自我”，亦即“忘我”的意思。北京满族正红旗人。中国现代小说家、作家、语言大师、人民艺术家、北京人艺编剧，新中国第一位获得“人民艺术家”称号的作家。代表作有《骆驼祥子》《四世同堂》，剧本《茶馆》《龙须沟》。

老舍生前有个习惯，就是边饮茶边写作。老舍生前有个习惯，就是边饮茶边写作。旧时“老北京”爱喝茶，晨起喝茶是他们的传统生活方式。北京人最喜喝的是花茶，老舍先生也不例外，他也酷爱花茶，自备有上品花茶，老舍喝的这类“香片”，就是有名的“茉莉花茶”。

老舍与冰心友谊情深，老舍常往登门拜访，每逢去冰心家作客，一进门便大声问：“客人来了，茶泡好了没有？”冰心总是不负老舍茶兴，用家乡福建盛产的茉莉香片款待老舍。浓浓的馥郁花香，老舍闻香品味，啧啧称好。他们茶情之深，茶谊之浓，老舍后来曾写过一首七律赠给冰心夫妇，开头首联是“中年喜到故人家，挥汗频频索好茶。”怀念他们抗战时在重庆艰苦岁月中结下的茶谊。

汪曾祺在《寻常茶话》中写道：

北京人爱喝花茶，一位只有花茶才算是茶（北京很多人把茉莉花叫做“茶叶花”）。我不太喜欢花茶，但好的花茶例外，比如老舍先生家的花茶。

老舍先生一天离开不茶。他到莫斯科开会，苏联人知道中国人爱喝茶，倒是特意给他预备了一个热水壶。可是，他刚沏了一杯茶，还没喝上几口，一转脸，服务员就给倒了。老舍先生很愤慨地说：“他妈的！他不知道中国人喝茶是一天喝到晚的！”一天喝茶到晚，也许只有中国人如此，外国人喝茶都是论“顿”的，难怪那位服务员看到多半杯茶放在那里，一位老先生已经喝完了，不要了。

图 33　《茶馆》剧照

第五节　茉莉花茶的窨制

茉莉花茶是茶与花完美结合的产物，既有茶的身骨，又有花的馨香。茉莉花茶是由素茶坯和茉莉鲜花窨制而成，具有茶饮花香，花增茶味，花香与茶味相得益彰的品质特点。

广西横州市 2019 年被评为世界茉莉花都，横州的茉莉华产量占我国总产量的 80% 以上，占世界总产量的 60% 以上。这里生长的茉莉花具有花期早、花期长、花蕾大、产量高、品质好、香气浓等特点。茉莉花茶的窨制工艺是非常讲究的，茉莉花茶加工窨制流程详见下图，茉莉花茶的窨制工序为：茶坯处理 – 茉莉花鲜花处理 – 茶花拌合 – 通花拌合 – 通过散热 – 收堆续窨 – 起花 – 烘干 – 匀堆装箱。由此可见横州茉莉花茶的制作技艺是非常的繁琐复杂的。特别是最后一次窨制“提花”为了保证茶叶中茉莉花香的鲜灵纯净，不再复火烘焙，因此有着“三窨一提、五窨一提、七窨一提”的说法。

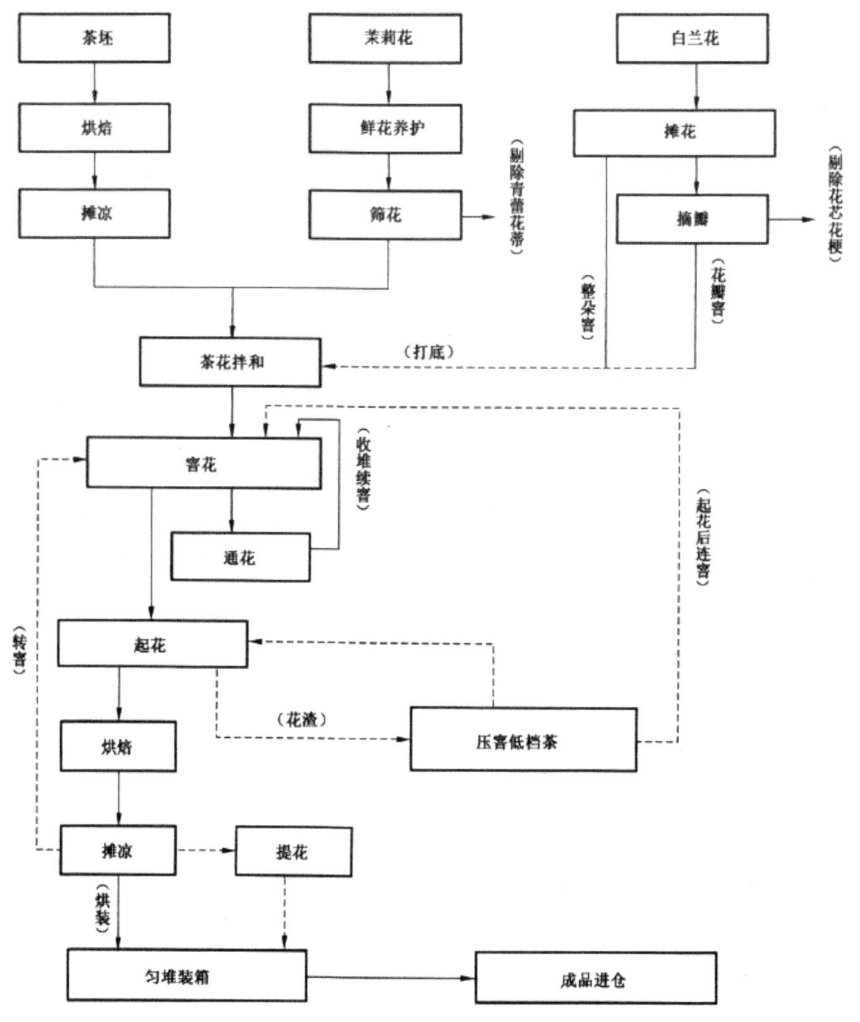

图 34　茉莉花茶加工窨制流程图

一、茶坯处理

窨制茉莉花茶的原料茶可选用烘青或炒青（含半烘炒）绿茶，窨花前的茶坯宜先经过干燥处理，其目的是为了增强茶坯的吸香能力，提供一个适合茉莉鲜花吐香的窨堆条件。

1. 干燥：窨制花茶的茶坯一般要经过干燥处理。目的：高档茶坯在于散发水闷气、陈味；中低档茶坯在于降低粗老味、陈味等，显露出正常绿茶香味，有利于花茶的鲜纯度提高。

烘干机温度一般不宜太高，高档茶坯在 100—110℃，中低档茶坯可在 110—

120℃。传统工艺要求烘后茶坯水份在 4—4.5%，不能用高火烘，容易产生火焦味，影响花茶品质。

2. 冷却：茶坯复火后一般堆温较高，在 60—80℃，必须通过摊凉、冷却，待茶叶堆温稍高室温 1—3℃时才能付窨，太高进行窨制，影响茉莉花生机和吐香，降低花茶品质，茶坯温度越低越好，这样窨制拼和后，使堆温上升慢些，相对的延长 32—37℃的堆温时间，有利于鲜花吐香和茶坯吸香，提高花茶质量。

3. 特种茶坯

是指利用福鼎大白茶和福鼎大毫茶壮幼嫩的芽叶（也可用其它芽头肥壮茶树品种）制作形成的圆、扁、弯、瓜子、针、蝴蝶、耳环、束形（花形、球形、梅花形等）等茶叶品种。

要求不同品种的茶坯进厂外形洁净匀整，无其它夹杂物，水分要求达到 8%，达到湿坯连窨水分的要求。

茶叶的卫生指标要求，最低要达到国家制定无公害绿茶产品所有的指标。

有更高要求的应根据顾客的需要，根据相应的卫生指标进行检验进厂。

进厂后的茶叶要分品种、分不同卫生指标要求分类进仓。对有异味、霉变、红梗、焦边的产品要进行另堆处理。

二、鲜花处理

鲜花处理包括鲜花养护和筛花这两个过程，茉莉花具有晚间开放吐香的习性，鲜花一般在当天下午二时以后采摘，花蕾大、产量高、质量好。采收后，装运时不要紧压，用通气的箩筐装花为好，切忌用塑料袋装，容易挤压，不通气，易造成“火烧花”。

1. 摊凉：鲜花进场适应及时验收过磅，按级分堆，摊凉（等级标准详见附后）。目的是：鲜花在运送过程由于装压，呼吸作用产生热量，不易散发，使花温升高，一般都在 38℃以上，高的超过 40℃。不利鲜花生理活动，必须迅速摊凉，使其散热降温，恢复生机，促进开放吐香。摊凉场地必须通风干净，摊凉时花堆要薄，一般在 10cm 以下。气温高时，可用轻型风扇吹风；雨水花，更要薄摊，吹风，蒸发花表面水，待表面水干后，才能堆积养护。

2. 鲜花养护：鲜花养护的目的是促进鲜花匀齐地达到生理后熟而开放吐香。养花技术的关键是充分供氧，要求生产车间清洁、阴凉、通风。鲜花养护的主要过程如下：

第一步：归堆。就是指市场采购回来的鲜花根据质量的差异进行归堆摆放。

第二步：摊放。归堆后的鲜花温度上升，应及时摊放散热，保持生机，摊放厚度 10 厘米左右。

第三步：收堆。当花温下降后进行收堆，堆高 30–40 厘米，使花温上升，促进开放。当花温升至 40℃时再散堆摊凉散热通气，如此反复 3–4 次，主要通过摊花和堆花反复交替的过程来控制鲜花的生理变化。

鲜花养护的过程中，观察鲜花的开放度和开放率。开放度（指最里层花瓣张开的角度）达到“虎爪”形最佳，开放率（指花蕾开放的数量占总数量的比例）达 70% 左右，即可筛花。

3. 筛花：筛花是对鲜花进行分级和除杂的作业，主要有分级优次，促进开放、去杂等作用。鲜花开放率在 70% 左右时，即可筛花，筛花的目的既是分花大小，剔除青蕾花蒂；通过机械振动，又能促进鲜花开放正气。鲜花筛后应按预定的各批配花量过磅分号堆放，若开放度不够应继续养护。鲜花使用：一号花用于提花、转窨和高级茶头窨；二号花用于头窨。若有一、二号花用于同批茶时，则先用一号，后用二号，不得混用，要分开窨。

4. 玉兰打底。目的在于用鲜玉兰“调香”，提高茉莉花茶香味的浓度，“衬托”花香的鲜灵度。打底掌握适度，能提高花茶质量。

打底方法：在窨制茉莉花茶，茶、花拼和前先用玉兰鲜花（一般用 1%，茶 100kg 用玉兰鲜花 1kg）于茶坯先拼和进行“打底”；有的在窨茉莉花时，同时拼如玉兰鲜花，但用量不易过多，多了容易引起“透兰”；有的在提花时再用少量玉兰鲜花与茉莉花拼和在一起进行提花（用量 0.3—0.5%）。

三、鲜花拌合

即茉莉花窨制。这是茉莉花茶制作最重要的环节，目的是利用鲜花和茶拌和在一起，让鲜花吐香直接被茶叶所吸收。它包括“摊茶→打底→上花→翻拌→收堆盖面→静窨”六个步骤。

（一）摊茶：把复火后的茶胚均匀摊放在窨花场地上，厚度 20–25 厘米，待茶胚冷却至 30–33℃，才可以窨制。

（二）打底：在茶胚上撒上少量白兰鲜花，俗称打底，目的是提高茉莉花茶香气的浓度和持久性。

（三）上花：根据茶花配比，将适量的开放适度符合窨制标准的茉莉鲜花均匀的撒铺在茶胚面上，摊花要均匀铺开。

（四）翻拌：翻拌是窨制花茶品质好坏的关键性工序。目的是茶叶充分吸收茉莉花吐露的香气，拌和要匀，操作要轻，速度要快。以减少茶胚断碎，鲜花损伤，花香溢失。

（五）收堆盖面：茶花拌匀后成堆，又称“堆窨”，堆高一般是30–40厘米。头窨宜厚，多窨次的逐窨下降；最后盖面：在窨堆面上铺上0.5~1厘米厚的茶胚，俗称盖面茶，使鲜花不外露，减少香气散失。

（六）静窨：静窨这个程序是茶与花发生物理和化学变化过程，花中水分和香气的释放、茶胚水分与芳香物质的增加，是形成花茶品质的重要过程。

四、通花散热

静窨过程中温度快速上升，当温度高达45~50℃时，需进行通花散热。目的是充分供给新鲜空气，提高香气的鲜灵度，及时散发窨堆内热量和水闷气，防止鲜花和茶胚编制。

五、收堆续窨

通花散热后，当在窨品温度下降到30~32℃时，为使茶坯继续吸收花香，将所摊开的在窨品重新做堆，叫收堆续窨，续窨温度不低于30℃，时间一般5~6小时，堆高20~30厘米。

六、起花

当续窨结束后，大部分香气被茶坯吸收，需要使花和茶胚分离，这一作业过程称为起花。起花技术要适时、快速、起净。

七、烘干

起花后的茶胚，水分大，需要及时烘干。目的是保持茶叶不变质，茶胚付货宜采用高温、快速、安全烘干法。多窨次湿坯复火。温度需逐窨降低。

八、匀堆装箱

匀堆装箱是茉莉花茶窨制过程最后一道工序。匀堆装箱前，先拼配小样，经过水分、粉末等检验和品质鉴定符合产品规格标准时，才可按比例进行匀堆装箱。

同时抽取大堆成品样进行理化检验和品质鉴定。装箱前的空箱要逐个检验，确保箱内无灰尘、杂物，无异味的完全清洁的卫生条件。

第六节　茉莉花茶的审评

一、茉莉花茶的感官审评

鲁迅先生曾说过“有好茶喝，会喝好茶，是一种清福”，茶叶是其生平所好，尤其是偏爱好茶。

那么什么是好茶？如何评价茶叶的好坏呢？

茉莉花茶叶感官审评是指用人的感觉器官评定茶叶品质，如用眼睛观察外形、色泽；用鼻子辨别香气；用舌头尝滋味；用手感触身骨的轻重等。

审评茶叶品质的好坏，评定级别，拟定价格，确定可否进出口等。有助于指导茶叶生产，鉴定科研成果，推荐名优产品。

二、审评用具与材料

茉莉花茶的评审用具主要有：评茶杯、评茶碗、评茶盘、叶底盘、吐茶桶、天平、计时钟或沙时计、茶匙、电水壶、汤杯。

评茶杯为瓷质。高 65 mm，外径 66 mm，内径 62 mm，容量 150 ml，具盖，盖上有一小孔，在杯柄相对的杯口上缘有一呈锯齿形小缺口。

评茶碗为瓷质，色泽一致。高 55mm，上口外径 95 mm，内径 92 mm，容量 150 ml。

评茶盘为胶合板或木板制，涂以白色的方形盘，长、宽各 230 mm，边高 30 mm，盘的一角有缺口。

叶底盘为白色搪瓷盘或黑色方形小木盘。

图 35　审评用具和材料（图片来源：横州市职业技术学校）

三、审评步骤

第一步把盘，把盘是干评外形的重要步骤。将样罐里的茶叶倒入样盘（毛茶 250 ~ 500 g，精茶 100 ~ 200 g）双手持样盘回旋转动，使盘内茶叶均匀旋转并收拢茶叶于盘中，使茶叶按形状大小、粗细、轻重呈上、中、下三层有规律地分布，上层茶条比较粗松、轻飘，称面装茶或上段茶，汤色浅淡、滋味淡薄。紧细重实的集中在中层，叫腰档或中段茶，是本盘花之精华；体型小的或短碎茶沉积于底层，称下脚或下段茶。三段茶应有一定比例，若中段茶少，则为脱档现象。

第二步看外形，主要看条索（或形状）、嫩度、整碎、净度、色泽等因子，有时还嗅干香。

审评时不同茶类的外形各因子有所侧重，绿毛茶以嫩度、条索为主，整碎和净度为辅；红毛茶以嫩度和条索并重，适当结合净度和整碎；青毛茶以条形、色泽为主，适当结合净度；白毛茶以嫩度、色泽并重，适当结合形态和净度。

最后综合外形各因子，对样评定干茶的品质优次或等级。此外，还应同时以手测定毛茶水分。

第三步取样，将扦取的原始茶样充分拌匀后，用分样器或是对角四分法取样。取样件数如下表所示。

表格 2　茶叶报验数和取样数

报验件数	取样件数	报验件数	取样件数	报验件数	取样件数
1～5	1	351～400	9	1000～1200	17
6～50	2	401～450	10	1201～1400	18
51～100	3	451～500	11	1401～1500	19
101～150	4	501～600	12	1501～2000	20
151～200	5	601～700	13	2001～2500	21
201～250	6	701～800	14	2501～3000	22
251～300	7	801～900	15	3001～3500	23
301～350	8	901～1000	16	3501～4000	24

第四步称样，称从把盘抽取出的茶叶 3g，至于 150ml 的评茶杯中。

第五步冲泡，需要冲泡 3min， 注满沸水，加盖冲泡 5min。

第六步沥汤， 将茶汤沥入评茶碗中，用茶匙搅拌均匀茶汤。

第七步嗅香气，辨鲜灵度，审评香气的类型、纯异、浓淡、高低及鲜灵度等。

第八步看汤色，审评茶汤的颜色、深浅、明暗及清浊程度等。

第九步尝滋味，审评茶汤的纯异、鲜陈、浓淡、醇涩等。

第十步再冲泡，再次注满沸水，加盖冲泡 5min。

第十一步沥汤，将茶汤沥入评茶碗中，用茶匙搅拌均匀茶汤。

第十二步嗅香气，主要是辨浓度、纯度，审评香气的类型、纯异、浓淡、高低及鲜灵度等。

第十三步看汤色，审评茶汤的颜色、深浅、明暗及清浊程度等。

第十四步尝滋味，审评茶汤的纯异、鲜陈、浓淡、醇涩等。

第十五步评叶底，审评茶渣的老嫩、色泽、明暗及匀杂程度等。

结果两次冲泡综合评判

花茶审评，应以香气为重点，如果将各因子在品质中所占的比例用百分数表示，则外形占20%，汤色、叶底占10%，滋味占30%，香气占40%，也有将香味合起来评，则外形占20%，香味占60%，汤色、叶底各占10%。

香气的审评，主要比香气的鲜灵度、浓度、纯度，其中又以鲜灵度、浓度为主（鲜灵度、浓度各占40%，纯度占20%），鲜灵度即新鲜敏锐给人愉悦感；浓度则为香气浓厚、持久程度，分辨高低强弱。

纯度指审评有无异杂味，香味里若有浊闷味、水闷味、花蒂味、透素、透兰等为不纯。要注意分辨花茶中可能出现的品质缺陷。

通过科学合理的评审，去判断茉莉花茶的品质，正确鉴定结果，对指导生产、改进制茶、提高品质、合理定价和市场交易都有重要的作用。

第七节　横州茉莉花茶

一、横州茉莉花茶起源

中国是茶的故乡，是世界上最早发现和利用茶的国家二饮茶之始，我们的祖先将茶当做药品和食品。古人从野生茶树上砍下枝条，采集嫩梢，“先是生嚼，而后加水煮成羹汤，供人饮用”。传说中，在四五千年前的神农时代，就有“得茶而解毒”之说。如果以神农氏为中国使用茶叶的鼻祖，那么中国人使用茶叶的历史已有5000多年了。中国最早记载饮茶的也是药书，如《神农本草》记载：茶味苦，饮之使人益思、少卧、轻身、明目；神医华佗《食论》也提到“苦茶久食益意思”。饮茶之风，最早在巴蜀兴起。秦统一巴蜀后，随着巴蜀地区与中原地区的经济文化交流日益频繁，饮茶风俗逐渐沿长江流域向外传播。到了唐代，随着经济社会的大发展，京杭大运河的贯通，民族之间的大融合，茶叶逐渐成为百姓生活中的日用饮料。在长期食用茶叶的过程中，人们逐渐发现茶叶不仅具有食用和药用价值，饮茶本身就是一种很好的物质享受和精神享受。

尤其是世界上第一本茶书——茶圣陆羽所著《茶经》（成书于公元 758 年）问世后，饮茶成为时尚，俗语“开门七件事，柴米油盐酱醋茶”，充分反映国人对饮茶的喜爱。

最适合种植茶叶的地区无疑是南方的山地和丘陵，从云贵高原到闽浙群山，茶园遍布。广西是我国最早种植茶叶的地区，其产茶历史悠久，可追溯到 1200 多年前。茶圣陆羽在《茶经》中就有“横州之方山”产茶的记载。古代产茶“唐称阳羡，宋推建安，人明则武夷最胜”。及至晚清，广西更是名茶辈出，横州茉莉花茶就是其中一种。

横州茉莉花茶起源于明代，距今已有 400 多年的历史。明嘉靖四十五年（1566 年），横州市州判王济在《君子堂日询手镜》中记述：“横州市茉莉甚广，有以之编篱者，四时常花。”明版《横州志·物产》也有类似记载。

20 世纪 70 年代末，横州市茶厂开始引进双瓣茉莉花种植，并用其窨制茉莉花茶获得成功，从此拉开了横州市茉莉花人工规模栽培和花茶加工的序幕。20 世纪 80 年代初，原商业部（现中华全国供销合作总社）把广西横州市确定为新的茉莉花茶加工基地。自此，横州市茉莉花茶独具特色的生产加工工艺得以传承。

2000 年开始，为了提高横州市茉莉花产业的知名度，横州市每年 8 月都要举办一次“全国茉莉花交易会”，吸引了全国各地的茶叶生产经销商、茶叶专家以及俄罗斯、日本、韩国、马来西亚等地的客商前来参加。2007 年，横州市茉莉花产区成为国家级标准化示范区项目，茉莉花茶产业成了当地最具特色的农业优势产业和支柱产业。

二、横州茉莉花种植历史

横州市在种植茉莉花上具有得天独厚的自然环境优势，在自然环境的照顾下，横州茉莉花的花期早、花期长并且产量丰富、质量上乘。在经过 40 余年的辛苦栽培以及产业发展，横州已经成为了世界茉莉花和茉莉花茶最大的生产基地，被誉为“中国茉莉花之乡”。

（二）栽培起源

横州茉莉花的种植历史悠久，据史料文献记载，茉莉花早在汉代就已与横州结下不解之缘，西汉初年陆贾《南越行记》记载：“南越之境，五谷无味，百花不香。此二花（指素馨花和茉莉花）特芳香者，缘自胡国移至，不随水土而变，与夫橘北为枳异矣。彼之女子，以彩丝穿花心，以为首饰。”最晚从晋代开始，茉莉花已成为颇受岭南地区民众喜爱的花卉，世人竞相栽植茉莉花，晋代嵇含《南方草木状》载：“耶悉茗花、末利（茉莉）花皆胡人自西国移植於南海，南人爱其芳香，竞植之。”可见，茉莉花经由南海海路首先落地于南越之地，后向北传入其它地区。

唐代中后期，茉莉花已经融入到横州民众生产与生活中，逐渐被人赋予文化内涵。彼时，流传与茉莉花相关的民间故事。至宋代，茉莉花开始向其它地方传播，其身洁如玉、香浓胜麝的特性亦开始受到北宋皇室的认可与民众的青睐。宋真宗时，每年都要从两广地区运花木到京城汴梁，“花多国外名”；宋徽宗时修建艮岳，其内种有八大芳草，茉莉即为其中之一。士人也多作诗加以称赞，如辛弃疾《小重山·茉莉》曰：“倩得熏风染绿意。国香收不起，透冰肌”。张邦基《闽广茉莉记》中，茉莉花被评为“众花之冠”足见茉莉花的文化价值。

明嘉靖元年（1522），时任横州通判的王济所作《君子堂日询手镜》中记载：“（横州）茉莉甚广，有以之编篱者，四时常花。”茉莉花已做他用，且花期长达一年。明代《横州志》也有类似记载。至清代，乾隆《横州志·物产》记载：“茉莉，瓣香，皆重台。《晋书》：‘都人奈簪花’，即此。单台者名素馨，与茉莉同种，而香气一也。昔刘王侍女名素馨，其冢上生此花，因以得名。又有‘番茉莉’，花瓣如栀子，近心黄色，香气烈而不幽”。此处所记重台茉莉就是双瓣茉莉，是当今横州茉莉园区大面积栽培的主要品种。另外，书中所载番茉莉，横州人称之为“枸栀茉莉”，香气浓烈而不失幽清，此品种在横州各地均有零星分布。

（二）商业化种植

改革开放以来，横州茉莉花规模化种植，全面开发利用。如今，横州土地总面积 519.7 万亩（3464 平方千米），耕地面积超 165.6 万亩（1104 平方千米），其中茉莉花的种植面积达 10.8 万亩（72 平方千米），约占全县耕地总面积的 6.52%，花产量占到中国的 80%、全世界的 60%，实现了“世界上每十朵茉莉花，就有六朵来自横州”的图景。

2000 年横州被国家林业局、中国花卉协会正式命名为“中国茉莉之乡”；2015 年，横州获得国际茶叶委员会授予的“世界茉莉花和茉莉花茶生产中心”

称号匾牌，并成为全球最大的茉莉花生产基地和茉莉花茶加工基地；2016 年，横州获得首批“国家重点花文化基地”牌匾；2019 年 8 月国际花园中心协会（IGCA）授予横州“世界茉莉花都”的称号。横州实现从“中国茉莉之乡”到“世界茉莉花都”的跨越，成为“世界茉莉花文化传承基地”和“国际知名文化康养旅游目的地”，茉莉花走出横州，走遍中国，走向世界。

（三）茉莉花成为横州乡村振兴“致富花”

2022 年，横州市茉莉花种植面积达到了 128000 亩，涉及农户 68700 户，花农 340000 人，年产茉莉鲜花约 100000 吨。其中，以茉莉花为主要原料加工而成的茉莉花茶，年产约 80000 吨，年总产值达 97 亿元，而茉莉花延伸产品，例如茉莉护肤品、茉莉食品等年总产值则为 4.4 亿元。

近年来横州市充分发挥茉莉花产业优势，不断拓展延伸茉莉花产业链，以茉莉花全球集散中心、国家现代农业产业园、中国茉莉小镇、茉莉极萃园等为载体，构建“茉莉花 +”花茶、盆栽、食品、旅游、用品、餐饮、药用、体育、康养“1+9”产业集群，推动茉莉花产业转型升级。茉莉花产业已经成为横州市最大、最有特色的农林支柱性产业，带动横州市近 1 万脱贫人口稳定增收、约 33 万花农致富。小小茉莉花已经成为名副其实的乡村振兴“致富花”。

图 36　横州茉莉种植基地　（图片来源：横州市职业技术学校）

三、横州茉莉花产业发展优势

（一）自然资源优势

横州地处广西东南部，自然条件优越，区位优势明显，其属北纬亚热带季风气候区，气候温暖，降雨充沛，年平均降雨量为 1467.1 毫米，其中主要花期 4–9 月降雨量 1142.4 毫米；夏长冬短，年均气温 21.6℃，日照充足，年平均日照 1632.5 小时；无霜期长，年平均无霜期 362 天，占全年 77.9%。横州总面积 3464 平方公里，以丘陵、平原为主，森林覆盖率达 48.6%，水域面积占总面积的 5%。土壤有机质含量高，略偏酸性，肥力较强。土壤肥沃，平均气温高，综合以上条件均适合茉莉花的生长。茉莉花种植属于第一产业，茉莉源于热带和及亚热带，喜光、暖、湿润气候，不耐寒，在其他条件同等的情况下，种植茉莉花的好坏主要取决于当地土壤和气候，因此，温度、湿度资源是否适合茉莉花生长形成主要的产业竞争力。

图 37　横州市县城风貌　图片来源：横州市政府网站

从土地资源来看，均可满足茉莉花种植要求。从平均气温来看，横州的年平均气温最高，有利于茉莉花生长，总结温热资源，除犍为外，横州等地方热量占优势；从年均湿度来看，横州亦是四大产区里年均湿度最高者。综上，横州不管是在土地资源、温热资源、湿度来看，还是无霜期等因素，在茉莉花种植上均占有优势。此外，横州交通便捷，桂海高速、南广高速、六钦高速、209 国道、湘桂铁路、黎钦铁路等贯通县境，郁江黄金水道上通南宁，下通粤、港、澳，在六景建成南宁港口，方便运输，使得茉莉花能够畅销全国乃至全球。

图 38　西津国家湿地公园（图片来源：横州市人民政府网站）

（二）劳动力资源优势

由于茉莉鲜花采收纯靠手工，并且茉莉花不易保存、时效性极强、不便运输，加之横州当地的拥有相当可耕的土地资源、劳动力相对其他产区廉价，再者，茉莉花茶的生产属于劳动密集型。因此，横州的产业竞争力除了自然资源，还体现在与劳动力优势。根据数据显示（表 4–2）茉莉花主产地农村居民收入福州 > 犍为 > 横州 > 元江，农村可支配收入，人均 GDP 福州 > 元江 > 横州 > 犍为。广西横州 127.46 万人，城市化率与全国持平，农业劳动力资源优势明显。由此，横州具有从事大规模茉莉花商品化生产的劳动力资源优势；随着全国茉莉花产业重心已由中国的东南向横州转移，横州已经成为中国最大的茉莉花生产基地和茉莉花茶加工基地，茉莉花茶加工基本实现了规模化生产。

四、横州茉莉花茶加工技艺

横州市茉莉花茶，广西壮族自治区横州市特产，中国国家地理标志产品。横州市茉莉花和茉莉花茶产量占中国的 80%，世界的 60%，享有“中国茉莉之乡”、“世界茉莉花和茉莉花茶生产中心”的美誉。横州市茉莉花茶条索紧细、匀整，香气浓郁，鲜灵持久，滋味浓醇，叶衣嫩匀，耐冲泡。自2000年开始，横州市已经成功举办了九届全国茉莉花茶交易博览会、七届中国（横州市）茉莉花文化节。2011年，中国（横州市）茉莉花文化节荣获第二届中国民族节庆“最具国际影响力节庆”奖。2017年，横州市获批创建首批国家现代农业产业园，以茉莉花为主题的校椅镇获批全国特色小镇。2013年12月09日，原国家质检总局批准对“横州市茉莉花茶”实施地理标志产品保护。2019年11月15日，入选中国农业品牌目录。

横州传统茉莉花茶品质优越，这得益于横州当地独特的窨制技艺。2014年，横州茉莉花茶制作技艺被广西壮族自治区列为第四批非物质文化遗产，成为横州茉莉花产业越做越强的制胜法宝。

横州茉莉花茶的窨制技艺大致可分为：茶坯处理、窨花拼和、通花收堆、起花、烘焙冷却、压花、提花、起花、匀堆装箱等环节。

茉莉鲜花的质量是制作茉莉花茶优劣的关键所在，而经过三日以上阳光的鲜花，不仅香气浓、鲜活度高、晚间吐香力强。为了保证窨制的效果与香气，当地农户多于早上10点到下午5点顶着烈日采摘鲜花。采摘后，工人会对收获的鲜花进行秤重、摊凉、扬花，以达到降低花蕾温度、保持花蕾鲜活、防止闷花、促进开放等目的。待花蕾达到半开半合的状态（呈虎爪型）即可使用筛花机进行筛花，于当晚9点前完成。

窨制茉莉花茶的茶坯多以横州优质烘青绿毛茶为原料，在窨花之前，茶坯需要进行烘坯和冷却处理，传统工艺要求烘后茶坯的水分在4%—4.5%。茶坯复火后一般堆温较高，必须通过摊凉、冷却，待茶叶堆温高于室温1℃—3℃时才能付窨。

窨花拼和前，要保证鲜花养护，它是整个茉莉花茶窨制过程中的关键，茶花搅合亦是制作茉莉花茶的灵魂所在，将筛好的鲜花覆盖在事先进行干燥处理茶坯堆，此工序俗称“盖面儿”。“盖面儿”的关键在于茶堆应时刻保持合适的高度，使堆温促进鲜花吐香。根据茉莉开花情况，将即将吐香的茉莉鲜花与茶坯均匀拼合在一起，使茉莉花香最大程度锁入茶叶中，让茶叶充分吸收茉莉花的香气，此项工序约耗时3小时。窨花拼和是整个茉莉花茶窨制过程中的重要工序，要掌握配花量、花开放度、温度、水分、窨堆厚度、时间等六个要素。配花量可根据季节（春、伏、秋）和气候（晴、雨天）及花的质量增减。

将茶花均匀搅合后，则进入窨制过程，由于堆温会逐渐升高，所以需每 4 小时进行通花处理，通花则根据窨品堆温、水分和香花的生机状态来进行。通花时把正在窨制的茶堆摊开放凉，即将堆高从 30—40cm 的茶堆摊开薄至 10cm 左右，并每隔 15 分钟搅拌一次，让茶堆充分散热到合适温度。以达到茶堆散热、通气给氧，促进鲜花恢复生机，继续吐香的目的，窨制过程需要静置 10—12 个小时。收堆的时间主要看堆温，当堆温下降达到要求即可收堆，当茶堆温度又上升到 40℃左右，且花呈萎凋状，闻不到鲜香，色泽转微黄，即可起花。夏天一般至次日 9 时即可进行起花筛离工序，起花要严格按照先起多窨次，后起低窨次；同窨次时，则按照先起高级茶，后起低级茶的顺序。如起花不及时，在水、热的作用下，花渣过熟，出现酒精及焖黄味，极大地影响茉莉花茶的质量。利用筛花机将茶、花分离，淘汰筛出的花可作饲料或肥料。窨制过程中要不断通过烘焙令茶叶去湿锁香，经烘焙工序后，即完成一次窨制过程，上等的花茶制作流程需经过 5–10 次的反复窨制，烘焙的目的在于排除多余水分，保持适当的水分含量。烘焙后的茶叶必须充分摊凉，或用摊凉机进行摊凉，但禁用强风吹，以避免造成香气不必要的散失。窨制次数与茉莉花茶的质量成正比相关，窨制次数越多的茉莉花茶，其品质就越高。

压花，就是利用起花后的花渣再窨一次茶叶，以增加花香。压花要做到及时迅速，做到边起花边压花。压花时间应掌握在 4–5 小时，时间不宜过长，太长则会造成宿焖味、发酸味和其他异味。提花的目的在于提高茉莉花茶的鲜灵度，操作同窨花。提花要用朵大洁白且香气浓烈的一级花，雨水花不能用，拌和后堆窨。并且，茶叶在提花前应进行全面质量预检，以便在提花中对外形、内质、茶叶粉末、碎茶、卫生指标等要素进行调整。

完成最后一次窨制完成后，少量优质的茉莉鲜花与茶叶拌合后静置 4–5 小时，对花茶再一次提鲜。横州传统茉莉花茶窨制技艺之所以能够生产出品质过硬的花茶产品，闻名花茶界，离不开横州茉莉花窨制技艺一丝不苟地严格把控。经过多年的推陈出新，努力钻研，横州出现了一批与茉莉花相关的专利，如循环干燥茶叶的方法及设备、茉莉花干片的加工方法及设备等，这也是横州茉莉花名扬海内外的关键所在。

图 39　茉莉花茶加工过程（图片来源：横州人民政府官网）

五、横州茉莉花茶的特色

（一）横州茉莉花茶种类

横州市茉莉花的主要产品为茉莉花茶，这些茉莉花茶品种多样，包括茉莉花雪球、茉莉飘雪、茉莉毛尖、茉莉香针、普洱茉莉、茉莉六堡茶等等，其中茉莉六堡茶是和广西另一知名品牌六堡茶有机结合的产物。这些茉莉花茶既有可以热水冲泡的产品，也有可以用冷水浸泡后饮用的产品，消费者群体可以贯穿整个年龄段，属于老少皆宜的产品。

（二）横州茉莉花茶的营养价值

横州市茉莉花茶含有大量有益于人体健康的化合物。有研究资料显示，用茉莉花窨制而成的茉莉花茶含有大量芳香油、香叶醇、橙花椒醇、丁香酯等 20 多种化合物，茉莉花茶因此具有“去寒邪、助理郁”的功效，是春季饮茶之上品。据横州市质监科研人员经过严格的检测分析，已经成功发现了茉莉花共有 179 种香味，其中 97 种香味对茉莉花花香构成显著影响。

中医认为，茉莉花茶辛甘、性温，不仅具有芳香化湿、醒脾和胃的功效，还能清肝明目，泡水冲饮口感清爽，香气清幽，能给人身体和心情上的放松，又能提高免疫力。此外，常喝茉莉花茶，还可以美容养颜、净白皮肤，抵抗衰老，有疏通人体肠胃，可以排宿便、顺气清脑、降低血压血脂等功效。茉莉花茶具有理气开郁的作用，能使人清新舒畅。茉莉花所含的挥发油性物质，具有行气止痛，解郁散结的作用，可缓解胸腹胀痛，下痢里急后重等病状，为止痛之食疗佳品。茉莉花对多种细菌有抑制作用，内服外用，可治疗目赤，疮疡等炎性病症。而经茉莉花窨制的茉莉花茶，能消除疲劳、头痛等，同时还能帮助肠胃吸收消化。茉莉花茶适合人均较广，各个年龄段均可以医用。需要注意的是，茉莉花茶也有一些禁忌。譬如茉莉花茶里面含有的茶碱成分，人体吸收茶碱成分后，会让体温升高。不利于发烧降温，所以有发烧或者发热症状的人最好不要喝茉莉花茶。

（三）横州茉莉花茶的感官特色

横州茉莉花茶的感官特色如下：

项目	特征
外形	尚紧结、有锋苗、尚匀整、有嫩茎
香气	尚鲜浓、纯正
汤色	黄绿亮
滋味	鲜、醇、正
叶底	柔软、黄绿

横州茉莉花茶的理化指标：

项目	指标
水分（%）	8.5
茶多酚（%）	19.0
水浸出物（%）	36.0
粗纤维（%）	16.0
含花（%）	1.0

安全及其他质量技术要求：产品安全及其他质量技术要求必须符合国家相关规定。

六、横州茉莉花茶产业的发展

横州茉莉花产业的开端可追溯到20世纪60年代初的横州茶厂（现为广西金花茶业有限公司），当时横州茶厂自种自制茉莉花茶，年产量可达约5吨左右。

横州大规模加工生产茉莉花茶始于1978年。是年，横州茶厂率先以“订单农业”的形式，在云表站圩村种植茉莉花7公顷，鲜花产量100吨。1980年，横州茶厂茉莉花基地扩大到 40 公顷，茉莉鲜花产量可达 600 多吨，以茉莉花加工生产茉莉花茶，供不应求，花农也因为种植茉莉花致富脱贫。在横州茶厂的辐射带动下，云表乡、横州镇、附城乡农民纷纷种植茉莉花。横州县委、县政府在稳定粮食生产的同时，因势利导，引导农民种植茉莉花，并扶持发展茉莉花茶加工企业，开始大力发展茉莉花茶产业。1986 年，全县茉莉花种植 317.60 公顷，茉莉花产量 2382 吨，花茶加工企业 5 家，加工生产茉莉花茶 1883.4 吨。但由于花茶加工企业少，花茶加工能力低，出现茉莉花供大于求的现象，茉莉鲜花上市最高峰时，每千克茉莉鲜花仅 0.3 元左右，花价下跌，挫伤花农积极性，甚至有花农将卖不出去的茉莉鲜花倒在县政府门前；有些花农则挖掉茉莉花改种其他经济作物。1988 年，全县茉莉花种植下降到 225.33 公顷。为推动茉莉花茶产业发展，政府采取措施，出台优惠政策，鼓励和扶持茉莉花茶加工龙头企业发展，辐射带动全县茉莉花种植的规模化和集约化发展。1989 年，国家商业部在横州召开全国茉莉花茶加工产销会议，将横州确定为全国茉莉花茶种植基地和花茶加工基地。横州抓住这个机遇，大力发展茉莉花茶产业。据数据显示（见表 2.5），1990 年，全县茉莉花种植提高到 361.67 公顷，花茶加工企业发展到 29 家。1992 年，全县茉莉花种植 3777.13 公顷，茉莉花产量 2.53 万吨，花茶加工厂 108 家，加工茉莉花茶 2.10 万吨。

1993 年，投资 1000 万元，在县城茉莉花大道建成茉莉花交易市场。是年 6 月 8 日，横州举办首届茉莉花茶节暨经济贸易交流会，全国人大常委会副委员长甘苦为大会送来贺词，自治区、地区、南宁地区各县领导，以及 16 个省市、自治区的茶商，美国、加拿大等国家和中国香港、台湾地区的贵宾 1400 人出席开幕式，横州茉莉花茶开始名扬国内外。2005 年，横州茉莉花种植 3612 公顷，茉莉鲜花产量 4.83 万吨，花农收入 5.25 亿元，花茶加工厂 161 家，年加工茉莉花茶能力 10 万吨，实际加工生产茉莉花茶 4.16 万吨，总产值 20 亿元，茉莉花种植面积和茉莉鲜花产量、茉莉花茶产量，分别占全国总量 80%、占全世界总量 60%。截至 2018 年，横州茉莉花种植面积已达 10.8 万亩，花农 33 万人，占全县总人口的 25.98%，相当于每 4 个横州人就有 1 个人种植茉莉花，年产茉莉鲜花达 9 万吨，据统计，2014—2018 年横州茉莉花产值逐年上升，与我国其他产区对比凸显优势。横州茉莉花综合年产值达 105 亿元。从事茉莉花产品生产的企业有 60 家（茉莉花种苗 40 家、茉莉花干 15 家、茉莉花精油 5 家）；龙头企业包括广西金花茶业有限公司、横州南方茶厂、横州桔扬茶业有限公司、广西顺来茶业有限公司等。

图 40　茉莉花交易市场（图片来源：横州市政府官网）

至今，横州茉莉花茶产品销售已覆盖全国十几个省市，亦出口到俄罗斯、德国、韩国、日本及马来西亚、新加坡等国家。目前，横州通过发展茉莉花高端茶、饮品、精油、香水、浸膏、护肤品深加工及茉莉特色民宿开发等领域的茉莉花产业项目，并衍生茉莉花香米、茉莉花精油、茉莉花化妆品、茉莉花饮料、茉莉花糕点及有机横州茉莉花茶等产品，提升了茉莉花“一产转二产”的效率。实施科技支撑能力提升工程，有序推进茉莉花研究院、茉莉花品种园、1000 亩茉莉花生产数字化试点、2000 亩水肥一体化试点、2000 亩病虫害统防统治和监测等项目建设，为茉莉花产业发展不断注入科技动力。此外，地理标志产品横州茉莉花、横州茉莉花茶带动了区域内其他产业的形成。

图 41　花农交易（图片来源：横州市政府官网）

横州拥有“金花”、“人间一香”、“周顺来”、“大森”、“莉香”、“蒙妙莲”、“香茹怡茉”、“盛世华成”、“郁江”、“桔扬”、“锦河”、“古钵岭”、“芊茗阁”、“灵香”、“乔王”、“桂枢”、“宇茗香”、“素养”、“杯杯香”等 60 多个茉莉花茶品牌，产品多次荣获国内、国际评比金奖，深受全国各地消费者的青睐。产品不仅畅销全国，还远销欧洲、东亚、东南亚等国家。

图 42　茉莉花采收　图片来源：横州市人民政府官网

七、政府引领产业兴旺

（一）政策支持

横州茉莉花产业的兴旺发展离不开当地政府的大力支持，例如，2023 年出台的《横州市人民政府关于印发横州市茉莉花产业发展（2023–2025）奖励扶持办法的通知》，就从基地建设、茉莉花的加工制造、市场的开拓以及品牌文化培育、科技创新等设立了详细的奖励办法。这样的激励政策贯穿了从茉莉花的生产到消费者的消费使用这条路径，进一步激发了产业的活力。此外，为了顺应大数据时代的要求，在横州市政府的主导下，更是打造了“数字茉莉”大数据平台，推进了茉莉花产业链的数字化建设，为乡村振兴带来了新的能效，为产业的协调融合、企业的升级改造、市场的流通运转提供了有力的保障。

近年来，横州市委、市政府按照“国际化、标准化”的要求，制定了一系列茉莉花产业发展实施方案，建立了“茉莉花专家大院”、茉莉花标准化生产基地、茉莉花茶标准化加工基地、中国茉莉花（茶）产品质量监督检验中心、中华茉莉园、茉莉花产业核心示范区、茉莉花茶电子商务中心和全国四大茶叶市场之一的西南茶城及中国茉莉花茶交易中心市场，完善茉莉花产业的生产、加工、销售、交通、服务、信息、旅游、管理等保障体系，全面推进茉莉花产业的发展。横州先后成功举办了五届世界茉莉花大会，十三届全国茉莉花茶交易博览会和十三届中国国际（横州）茉莉花文化节，极大地提高横州茉莉花、茉莉花茶知名度和影响力。横州市不断开拓国内市场，在北京、山东、河北、浙江、黑龙江、陕西、广州、南宁等地设立“横州茉莉花茶”直销点，全面打造“横州茉莉花茶”地理标志知名品牌。

（二）打造横州茉莉花品牌

横州茉莉花自 2006 年获得我国的地理标志产品保护，而后横州茉莉花茶经过数年的发展，也于 2013 年获得了地理标志产品保护。在 2014 年，原农业部发布的《中国农产品品牌发展研究报告》正式引用了“区域公用品牌”的概念，也对农产品的发展以及品牌化提出了新要求。由此，打造农产品区域公用品牌，成为了已获得地理标志产品保护的农产品发展建设的新态势。2017 年，农产品公用品牌被写进了中央一号文件，这也是乡村振兴正式提出的一年。故农产品品牌的建设和发展、做大与做强，不仅是做好区域农产品的内在要求，也为推进乡村振兴画上了浓重一笔。

在区域公用品牌的建设活动上，横州从原先的全国茉莉花产品交易会，一直不断探索产品和品牌的延申，拓展到了世界茉莉花文化节，使得横州茉莉花品牌有了丰富的文化含义和品牌意义。另一方面，为了加强消费者对茉莉花品牌的体验，促进消费者与品牌之间的互动，打造了茉莉极萃园，以现代化、数字化的方式展现茉莉花产业产品的发展成果。横州茉莉花的品牌打造不仅局限于国内，还积极拓展到国外市场。2021 年 3 月生效的《中欧地理标志协定》，为横州茉莉花茶国际化的推广提供了一定的保障，中国—东盟国际博览会横州茉莉花展区的精心布置又加深了国内外消费者的印象与体验。

在区域公用品牌的品牌价值评价上，《2021 中国品牌价值评价结果》显示，“横州茉莉花”综合品牌价值达到了 215.3 亿元，其中“横州茉莉花”157.57 亿元、“横州茉莉花”57.73 亿元，分别位居广西参评的地理标志产品的第一和第三位。2022 年，“横州茉莉花”综合品牌价值达到了 215.3 亿元，其中“横州茉莉花”160.46 亿元、“横州茉莉花”57.68 亿元。

（三）科技赋能产业发展

近年来，横州市坚持“互联网＋农业”思维，聚集行业资源，建成茉莉花智慧大棚、茉莉花数字化生产基地、茉莉极萃园等，以科技创新引领茉莉花产业健康发展。

1. 培育人才绘就茉莉花产业新图景

2023 年 8 月，横州市举办首届“茉莉工匠”评审会，当地茉莉花产业中具有代表性的传统能工巧匠和技艺技能人才汇聚一堂，经过高超技能、行业贡献、所获荣誉等方面评比后，认定了首批高级、中级、初级“茉莉工匠”人选名单，为全面培育壮大茉莉花产业人才队伍提供支撑。

近年来，横州市聚力打造茉莉花产业人才平台，组建茉莉花产业研究院、国家茉莉花及制品质量监督检验中心，积极培育茉莉花产业人才队伍。目前，横州市已有 7 家茶企与中国科学院空天信息创新研究院、广西民族大学等多个科研院校签约研究合作项目。经过近年来的科研攻关，横州市茉莉花产品系列研发获得 141 项专利成果，约 150 名本土技术人才共同参与技术攻关，构建了“体系主导、专家牵动、企业示范”的技术推广模式。

2. 科技创新挖掘茉莉花产业新潜力

广西农业科学院花卉研究所长期致力于茉莉花新品种选育种植。目前，已选育出加工型和观赏性品种共 8 个，多个品种获得了市场认可。面对面请教专家、零距离享受国家级专家科技服务。横州市坚持引进科技创新资源，聘请陈宗懋、刘仲华两位院士担任茉莉花产业发展首席顾问，深化与中国农科院茶叶研究所、自治区农科院等科研院校、院士团队合作，积极搭建茉莉花“产学研用”一体化平台，开展“茉莉花产业高光谱技术研究与应用”等项目合作。

目前，横州市已建成茉莉花品种园，引育国内外茉莉花品种 30 多个，获省级审（认）定的新优品种 6 个。

3. 产业数字化升级

“打开手机，就能实时监测茉莉花的长势，掌握温度、湿度、光照等情况。”在横州市茉莉花数字化生产基地内，随处可见大量的微型喷头，以及在地上的全自动滴灌设备，实现了茉莉花种植过程的全程跟踪和智能化管理，精准掌握茉莉花种植过程中所需的光照、温湿度、土壤水分的供给等。

近年来，横州市始终坚持数字引领、技术示范带动理念，将计算机技术、自动化技术等高新技术与地理学、土壤学等基础学科有机结合起来，研究出更适宜茉莉花栽培管理的生产条件，编制一套适用于茉莉花科学栽培管理的自动控制程序，对茉莉花生长全程实现数字化精准管理，为茉莉花创造最佳的生长环境，大幅提高了茉莉花的产量和质量。

图 43　横州市茉莉花生产数字化试点基地全景图

横州市升级“数字茉莉”平台，利用物联网、大数据、人工智能等技术，整合了茉莉花产业主要生产环节数字控制模块，打造了茉莉花资源数字化、生产智能化、管理精准化、服务远程化、质量监管网络化“五化”体系，为茉莉花产业提供多样化服务，实现茉莉花生产数字化、在线化、可视化。

依托科技赋能，横州市茉莉花产业发展由集约化、标准化生产向数字化生产转型升级的步伐不断加快，点燃了提质增效引擎，激发了高质量发展活力。

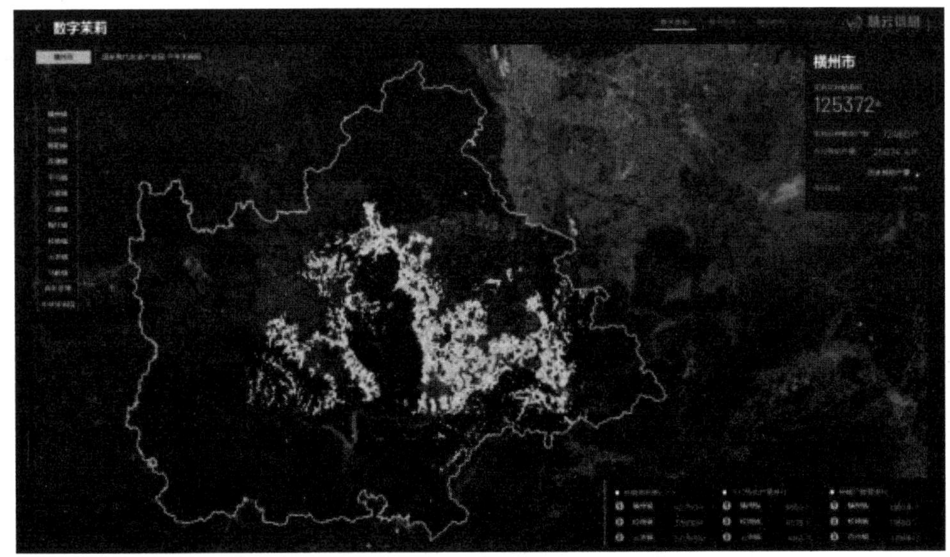

图 44 “数字茉莉”供应链服务平台遥感监测大屏界面

本章小结

在我国，茉莉花与茶的结合极大地发挥了茉莉花的价值。本章介绍了茉莉花茶的起源、我国的花、茶文学、花与茶的艺术以及茉莉花茶与名人的故事，并详细介绍了茉莉花茶的窨制工艺和横州茉莉花茶的特点、特色及产业发展成功

课后思考题

一、填空题

1. 我国一般根据加工制作方法的不同将茶分类六大类，即____、____、青（乌龙）茶、白茶、黄茶、黑茶。

2. 茉莉花茶窨制过程主要是__________和__________的过程。

3. 目前世界上只有__________能窨制茉莉花茶。

4. 唐代的陆羽编撰有世界上第一部茶叶专著　　。

5. “__________”指茶文化与禅文化有共通之处。

二、选择题

1. “汤添勺水煎鱼眼，末下刀圭搅曲尘。不寄他人先寄我，应缘我是别茶人。”自称自己是“别茶人”的是唐代著名诗人（　）。

A. 李白　　　　B. 杜甫　　　　C. 白居易

2. 茉莉花茶属于（　　）。

A. 绿茶　　　　B. 再加工茶　　　　C. 红茶

3. 著名作家（　　）在《我家的茶事》一文中曾写到：“茉莉花茶不但具有茶特有的清香，还带有馥郁的茉莉花香。”

A. 冰心　　　　B. 老舍　　　　C. 张爱玲

4.2022，中国品牌建设促进会评定“横州茉莉花茶”区域公共品牌价值为（　　）亿元。

A.218　　　　B.160　　　　C.58

5. 茉莉花茶真正大规模窨制生产，始于（　　）年间。

A. 清代嘉庆　　　　B. 清代道光　　　　C. 清代咸丰

第四章 茉莉花文化产业

第一节 茉莉花文化产业概述

一、茉莉花文化产业的定义

2003 年 9 月中国文化部制定下发的《关于支持和促进文化产业发展的若干意见》，将文化产业界定为："从事文化产品生产和提供文化服务的经营性行业。文化产业是与文化事业相对应的概念，两者都是社会主义文化建设的重要组成部分。文化产业是社会生产力发展的必然产物，是随着中国社会主义市场经济的逐步完善和现代生产方式的不断进步而发展起来的新兴产业。"2004 年，国家统计局对"文化及相关产业"的界定是：为社会公众提供文化娱乐产品和服务的活动，以及与这些活动有关联的活动的集合。

茉莉花文化产业是指以茉莉花为主题，为社会公众提供文化娱乐产品和服务的活动，以及与这些活动有关联的活动的集合。

二、横州市茉莉花文化产业的发展

近年来，横州市进一步加强茉莉花优良品种研究推广，建立茉莉花标准化种植模式，大力发展茉莉花精深加工产业，着力强龙头、补链条、聚集群，逐步构建茉莉花 + 花茶、盆栽、食品、旅游、用品、餐饮、药用、体育、康养"1+9"产业集群。

横州市委、市政府按照"国际化、标准化"的要求，制定了一系列茉莉花产业发展实施方案，建立了"茉莉花专家大院"、茉莉花标准化生产基地、茉莉花茶标准化加工基地、中国茉莉花（茶）产品质量监督检验中心、中华茉莉园、茉莉花产业核心示范区、茉莉花茶电子商务中心和全国四大茶叶市场之一的西南茶城及中国茉莉花茶交易中心市场，完善茉莉花产业的生产、加工、销售、交通、服务、信息、旅游、管理等保障体系，全面推进茉莉花产业的发展。2000–2022年，横州先后成功举办了三届世界茉莉花大会，十二届全国茉莉花茶交易博览会和十二届中国国际（横州）茉莉花文化节，极大地提高横州茉莉花、茉莉花茶知名度和影响力。

茉莉鲜花加工后的产品比较单一，主要为茉莉花茶。近年来，在横州市委、市政府的主导及市场消费趋势的引导下，茉莉产品越来越多元，逐渐衍生了茉莉盆栽、茉莉食品、茉莉用品、茉莉餐饮、茉莉药用、茉莉康养等产品。2022年，横州市年产茉莉花茶8万吨，年总产值达到97亿元，同比增长6.59%；茉莉护肤品、茉莉食品等茉莉花延伸产品年总产值达4.4亿元，增长2.3%。

横州茉莉花文化是横州人民代代相传的共同记忆及财富，它亦是横州民族重要的精神支柱，是横州民族文化认同感的重要来源。习近平总书记曾指出："文明因交流而多彩，文明因互鉴而丰富"。从长远发展的角度来看，在未来的社会经济发展中，文化将发挥出前所未有的价值和作用。

目前，横州茉莉花农业文化遗产（横州茉莉花复合栽培系统）已成功入选第五批中国重要农业文化遗产，文化传承是农业文化遗产活态传承的核心，横州茉莉花农业文化遗产应在现有基础上，继续积极申报全球重要农业文化遗产（GIAHS），进一步提高人们对该遗产的重视以及当地知名度，深化横州茉莉花的文化内涵，提升相关产品的文化附加值，推动横州茉莉花及其产业全面走向世界。横州政府在鼓励茉莉花相关企业申报使用横州茉莉花（茶）地理标志保护产品专用标志的同时也要加大对横州茉莉花茶地理标志证明商标的保护，如此才能充分发挥传承与茉莉花相关的地理标志及证明商标的文化价值，从而提升品牌价值。相关茉莉花产品品牌由政府牵头，协助企业共同推行无公害、有机农产品、绿色食品、农产品地理标志"三品一标"认证，将其打造成为从全国走向世界的具有影响力的知名区域品牌。

三、横州茉莉花文化产业的价值

（一）社会经济价值

茉莉花是横州人民的致富花。"全球10朵茉莉花，6朵来自广西横州"。横州市是中国茉莉之乡，茉莉花种植历史长达500余年，是中国乃至世界茉莉花及茉莉花茶的最主要产区，规模、产量均位居中国四大茉莉花主产区之首。2022

年，横州茉莉花种植面积 12.8 万亩，年产茉莉鲜花 10 万吨，占全国总产量（12.4 万吨）的 82%，茉莉花（茶）产业总产值 152.7 亿元。

图 45　茉莉盆栽基地（图片来源：广西新闻网）

从茉莉花产品功能上看，其不仅包含了食用的价值，还附有文化价值，承载着中国古老茶文化的传统，展现着制茶工艺的精湛和茶艺表演的巧妙。另一方面，茉莉花产品上也做了相应的延展，开始向化妆品、护肤品以及康养产品发展，产业链得到了拓宽。近年来，横州充分发挥茉莉花茶产业优势，全力打造茉莉花“1+9”产业集群，推动茉莉花由单一花茶产业，构建“茉莉花 +”花茶、盆栽、食品、旅游、用品、餐饮、药用、体育、康养“1+9”产业集群，产品业态由“单一化”向“多元化”转变，产业生态链逐步完善，资源利用率逐步提高，不断拓展产业增值增效空间。其中，2022 年横州茉莉盆栽产量 1600 万盆，产值达到 1.2 亿元。2023 年横州茉莉花（茶）综合品牌价值达 222.15 亿元，连续五年蝉联广西最具价值的农产品品牌，横州茉莉花茶位居全国区域品牌第 17 位。

横州的西南茶城是全国四大茶市之一，也是我国最大的茉莉花以及花茶原料市场。每年在西南茶城成交的茶叶金额超过 15 亿元，不仅吸引来自全国各地茶商往来 1 万多人，还培育了一批茉莉花（茶）研发和生产企业。

据横州政府提供的资料显示：主产茉莉花的乡镇，农民的纯收入要比其他乡镇高三成以上。茉莉花农业文化遗产不仅在脱贫攻坚当中发挥重要作用，更是助力乡村振兴的中坚力量，具有一定的社会经济价值。

近年来，在中华茉莉园标准化加工示范区的基础上，同时结合校椅中国茉莉花特色小镇、横州国家现代农业产业园的建设，吸引了不少来自国内外知名茉莉花茶及相关龙头企业的合作，这不仅加快推进横州茉莉花加工新城等重大项目建设，引导横州茉莉花加工企业整合集聚发展，更形成了以广西横州北京张一元茶业有限公司、广西隆泰生化科技有限公司、广西茉莉芬芳茶业有限公司、广西金花茶业有限公司、广西顺来茶业有限公司、横州南方茶厂等企业为龙头的产业集群,打造出一系列最具横州特色和核心竞争力的产业品牌。随着茉莉花“产业林”的主干工程逐步壮大，横州茉莉花在高档茉莉花茶、茉莉花精油、香水、茉莉食品、保健品、工艺品、盆栽、茉莉花手礼及其他创意产品等领域有所建树，推进横州茉莉花茶加工标准化与综合开发，加快茉莉花加工业转型升级行动，形成茉莉花产业集群发展。与此同时，横州茉莉花茶已成为中国与欧盟互认的国家地理标志保护产品，并获评中国优秀茶叶区域公用品牌，在业界享有一定的知名度。

（二）民俗文化价值

茉莉花在岭南地区的栽种历史悠久，形成当地独有的文化。横州的传统民居多在屋前留有地坪，围成庭院。庭院中大多会栽植花草树木以作观赏，茉莉花则是热门花卉之一。明朝横州州判王济所言横州茉莉是四时常花，以之编篱，可知当时的横州人已经将茉莉花用作装饰家宅。横州人还将茉莉花雕刻在房屋的立柱上，绘于墙上，令其盛放于庭院中，及家宅中的任一角落。茉莉花还充作饰品佩戴于身上。《南方草木状》中载，“（耶悉茗花、茉莉花）彼之女子以彩丝穿花心，以为首饰。”在乾隆时期的《横州志》中记载：“《晋书》：‘都人簪奈花。’”在其“艺文志”中还有州人陈奎《咏花》诗中关于茉莉花的描述：“异域移来种可誇，爱馨何独鬓云斜。幽斋数朵香时沁，文思诗怀妙亦花。”这些记载都表明当时的横州已有簪戴茉莉花之俗。此外，茉莉花还常串作手链与项链佩戴于身。

直至今日，横州还保留着以茉莉花为头饰的传统，用彩色细线将洁白的茉莉花串连，并以新鲜嫩叶搭配成花串，或小花簇，绾于发间。茉莉花有着忠贞、尊敬、清纯、质朴、玲珑等含义，多被制作成茉莉花球，出现在不同的场合之中。横州的青年男女之间，互送茉莉花球以表达坚贞的爱情；招待客人时，横州人会送上一个茉莉花球，以示尊敬与友好。此外，横州人还将茉莉花的形象刺绣于布匹上，足见茉莉花在横州民众日常生活中的重要作用。

自 2010 年起，横州已经成功举办了十届中国（横州）茉莉花文化节。通过茉莉花文化节中包含的茉莉花音乐节、横州美食节、茉莉花工艺作品展示、茉莉花种植地观光旅游等活动，游客可以欣赏横州传统的音乐歌舞，品尝当地的美食，还能体验此地特色的壮锦艺术，从中深入了解横州的茉莉花文化。自茉莉花传入横州，一直深受横州人喜爱，于堂前屋后栽种茉莉花，寄托着横州人美好寓意的精神象征，此外，茉莉花作发饰、首饰、绣球、美食 ...... 可以看出茉莉花已经深深地融入了横州当地的民俗生活文化之中。

（三）饮食文化价值

以花入食在我国已有悠久的历史，用茉莉花制成的佳肴或点心也由来已久，既可入汤，亦可取花叶制作菜肴、酿茉莉花酒。屈原曾写下“朝饮木兰之坠露兮，夕餐秋菊之落英”，武则天也曾令厨师蒸制“百花糕”与群臣同食。据横州当地花农口述，作为茉莉花都的横州很早便以茉莉花为食。在火热的夏日，茉莉花与糖冬瓜同煮食用可解渴消暑，而满裹茉莉花馅料的茉莉米糕则为佳肴。此外，横州的茉莉花与鸡肉或豆腐共同烹煮，也有消解暑热的功效。

茉莉亦可用于制茶，清代的《续茶经》中载有“凡梅花、木樨、茉莉……之属皆与茶宜”。横州拥有独特的茉莉花茶窨制技艺，所窨制出的花茶香清冽，独具风味。此外，横州还创作了一套具有浓厚壮乡特色的“茉莉情韵”茶艺表演，以“鉴赏甘泉”“烫具净心”“叶嘉共赏”“飞瀑跌荡”“群芳入瓯”“温润心扉”“旋香沁碧”“飞泉溅珠”“天人合一”“天穹凝露”“一啜鲜爽”“敬献茶点”“再品甘醇”“以花会友”为序冲泡茉莉花茶，尽显横州茉莉花茶的独特气质。

如今，横州把茉莉花延伸到各类食材，比如近年来研发的茉莉香米、茉莉花糕、茉莉粽子、茉莉布丁、茉香奶茶等茉莉食品，更有“茉莉虾仁”“茉莉水晶鸡”“茉莉百花盏”等家常小菜，搭配营养，美味可口。

（四）宗教文化价值

茉莉花为佛教的四大圣树之一，它传入我国与佛教是密不可分的。据史料记载，东汉永平十一年（68 年），佛教由印度高僧摄摩腾、竺法兰传入中国五台山，随之域外的茉莉花也传入五台山。宋朝郑域有诗云“风韵传天竺，随经入汉京。香飘山麝馥，露染雪衣经。”宋朝蒋廷珪又有诗云：“名字惟应佛书见，根苗应逐贾胡来。”宋朝王十朋的《茉莉》诗写道：“茉莉名佳花亦佳，远从佛国到中华，老来耻逐蝇头利，故向禅房觅此花。”均说明茉莉花与佛教的关系。

在横州，茉莉花历来受僧人们的喜爱，不少佛香便是用茉莉花作为制香香料；谱写佛乐的僧人也以茉莉花为原型，谱出《八段锦》佛乐，以示对茉莉花的赞颂。横州宝华山应天寿佛寺中便常年焚燃带的佛香，案上供品，及往来游客在佛寺中捐添香油钱后会收到僧人赠予的回礼多由茉莉花制作而成，值得一提的是，游客还可以在寺中享受以茉莉花为主角的素斋。

（五）民族文化价值

广西地区少数民族素爱唱山歌，茉莉花的形象也被写入歌谣，并随着歌谣的传唱更加深入人心。现代横州人在传统山歌的基础上，加以新的元素，创造出令人耳目一新的茉莉花歌谣。例如《横州盛栽香茉莉》：“横州盛栽香茉莉，莉花开放像海洋。鲜花茶叶同窨制，茉莉花茶誉四方。”还有《莉花吐蕾白雪浮》：“致富花开连地头，莉花吐蕾白雪浮。陌上摩托来往急，庄中楼上放歌喉。”

近年来，横州在茉莉花相关的歌曲上进行了一些尝试和创新，邀请著名作曲家徐沛东、词作家阎肃为横州特意创作了歌曲《茉莉赞》，并由著名歌唱家宋祖英演唱，传遍了大江南北。以茉莉花为重要题材的大型粤剧《海棠亭》荣获第十二届中国戏剧节优秀剧目奖，歌曲《茉莉之乡》荣获中国民歌精品评选活动金奖。2018 年，横州邀请著名歌唱家、词作家刘子琪担任横州茉莉花公益形象大使，并录制了《茉莉花正开》MV 歌曲，将在各大主流媒体和大型平台上展播，让“好一朵横州茉莉花”更广为人知、深入人心。横州茉莉花在文化、音乐等领域的知名度明显提升。

（六）生态科研价值

茉莉花农业文化遗产生态科研价值，主要包括以下两个方面的含义：一方面是茉莉花农业文化遗产在生存竞争中不仅实现着自身的生存利益，而且也创造着其他物种和生命个体的生存条件，并对其他物种和个体的生存都具有积极的价值；另一方面是，因为茉莉花农业文化遗产的存在，对于当地整个生态系统的稳定和平衡都发挥着作用，且蕴含着生态价值和科研价值。如与周边生物种群间的相互作用机制、生态系统服务功能、物质资源的遗传价值、茉莉花文化系统的延续机制、现代生态农业和可持续农业发展的促进作用等。

横州茉莉花农业文化遗产生态价值主要表现在横州茉莉花生态系统所提供的防护减灾、涵养净化水源等生态价值。茉莉花农业文化遗产内部各要素相辅相成，在遗产地的山顶，植有繁茂的茉莉，它除了确保山体水源的常年充足，也能够起到稳固山体，防止滑坡、泥石流等自然灾害的发生；山体缓坡种植着连片的茉莉，茉莉根系扩散面积较大，且也为多年生草本植物，又能通过“抬刈”的复种过度方式很好地防止因开垦带来大量的水土流失，从而一定程度上保证了土壤的肥力，维持茉莉花种植营养。此外，在茉莉花的病虫害管理方面，横州投入了一定的科研力量，并取得了一定的科研成果。2000 年，横州科技部门与广西农科院共同开展了茉莉花白绢病和双纹须岐角螟的防治和研究。2005 年聘请中国工程院院士陈宗懋、广西农科院调研员王思良担任横州茉莉花专家大院首席专家，开展对茉莉花关键技术和病虫害防治研究攻关，推广无公害栽培技术、生物有机肥和生物农药，并推广使用频振式诱虫灯和生态诱虫板灭虫取得显著成效。其中，对茉莉花白绢病和双纹须岐角螟的防治技术达到国内先进水平。2005 年，横州县茉莉花净花率达到 95%，病虫害防治率达到 93%，茉莉花产量每公顷增产 2500 千克，产出的茉莉花洁白干净，花蕾大，产量高，香气浓郁持久，深受广大消费者所喜爱。

茉莉花不仅是重要的香精原料，且在工业及医疗方面亦有广泛应用：目前，茉莉花在抗氧化延缓衰老方面能够取得良好效果，茉莉花性寒、味香淡、是具有开郁、消胀气、辟秽和中清虚火、去寒疾、温中和胃、消肿解毒、消疽瘤、止痛、强化免疫系统的多种功效的药用植物。同时，茉莉药用成分提取技术发展迅速，尤其是茉莉黄酮类成分提取，从过去的传统的溶剂提取法及超声提取技术，到如今的利用酶水解提取技术，在提高溶出率的同时也拓宽茉莉花在医学领域的研究。茉莉植株的根、茎、叶、花等各个部分都有一定活性成分，研究多集中于黄酮类、多糖类成分及挥发油类成分。黄酮类成分具有一定的抗氧化、抗菌活性，多糖类成分具有抗氧化、降血糖的作用，挥发油类成分具有抗菌、改善睡眠及免疫促进作用。茉莉花的粗提物也具有显著的药理活性，茉莉根的醇提取物具有镇静催眠的作用，可用于睡眠改善及对抗戒毒过程中出现的戒断症状；茉莉叶的醇提物对胃黏膜具有一定的保护作用。现代医学的研究成果为茉莉花药品研发及临床应用奠定了基础。

第二节　茉莉花饮食产业

古代有流传“花开则赏之，花落则食之，勿使有丝毫损废”的说法，可见古人爱花之切，即使鲜花枯萎，也不愿离弃。横州市依托当地特色茉莉花产业，大力发展茉莉花＋饮食产业，打造了一批成功的茉莉花饮食产品，赋予了茉莉花产业新的增长极。

茉莉花有单瓣、重瓣、垂枝、朵蓄以及球型种。蛋白质含量比鸭梨高29%，比柠檬高41%，含糖量也超过苹果和梨。用茉莉花做食品，像广式月饼、苏式月饼、滇式月饼等，是节日和待客佳品。用茉莉花根制成的茉莉花茶，香气扑鼻，清香宜人，是茶叶中的名品。用茉莉花泡茶，可消暑解渴，饮用一杯茉莉花茶，令人经久不渴。

据现代医学研究，茉莉花含有挥发油、香氛素、维生素C等成分，食之可增强机体免疫力，健脾开胃，缓解紧张情绪，避暑提神。现代药理和研究证实，茉莉花有明显的抗癌作用，以茉莉花蕾冲泡饮用，可加糖调味，或配制成茉莉花香水，是一种别有风味的饮料。

一、创意茉莉花菜品

“又香又白人人夸”的茉莉花，同时也是美味佳肴。将茉莉花与鸡蛋同炒，茉莉花的口感柔嫩带脆，鸡蛋的口感滑溜清香，两者一炒，自然是人间至味了。茉莉花拌海蜇是一道颜值超高的凉菜，海蜇很脆，伴着茉莉花香，清香好吃。茉莉虾仁是以青虾，鲜茉莉花为主料，虾仁油红花白，双色夹衬雅丽，质地鲜嫩清爽，茉莉芳香宜人。

二、茉莉花糕

横州人不断提高茉莉花的“食”用价值。采用新鲜的茉莉花纯手工制作成茉莉花糕点，口感细腻绵软入口即化，茉莉留香唇齿间。

三、茉莉花流心月饼

很多新奇口味的月饼成为人们青睐的美食。横州人利用茉莉花资源优势研发出了茉莉流心月饼，将潮流与乡愁巧妙地融合在一起。

图 46　茉莉花月饼、蛋黄酥、茉莉酥

四、茉莉花酒

茉莉花酒以茉莉鲜花发酵而成，色泽金黄、口感甘甜爽口、茉莉花香浓郁，是一款花香型黄酒。茉莉清香，滴滴甘醇。饮一口满嘴茉莉香。

图 47　茉莉花酒产品（图片来源：广西新闻网）

五、茉莉鸡

陶圩镇结合茉莉产业打造了属于自己的新品牌——陶圩茉莉鸡。茉莉鸡经特殊工艺烤制，风味独特。茉莉花与鸡肉一同入口，花香鸡脆，馥郁鲜美。一经推出就广受市场欢迎。

图 48　2023 年陶圩鸡美食文化节

图 49 茉莉鸡系列

六、茉莉花新式茶饮

时尚饮品的流行成为新消费时代潮文化的一大特征。为了让茉莉花茶获得更多的喜爱，以茉莉花茶入底而制作的新式茶饮让茉莉绽放留香在唇齿间。

茉莉花糖饮是一种常见的饮品，其制作过程是将茉莉花与糖一起浸泡，然后饮用。茉莉花糖饮口感清香、甘甜，有一定的保健作用，如提神醒脑、清热解毒、美容养颜等。

图 50　茉莉奶茶

茉莉金桔饮是一种常见的饮品，其制作过程是将茉莉花与金桔一起浸泡，然后饮用。茉莉金桔饮口感清香、甘甜，有一定的保健作用，如提神醒脑、清热解毒、美容养颜等。

七、茉莉花水晶粽

随着茉莉花延伸产业的发展，茉莉水晶粽悄然出现。茉莉水晶粽颜值爆表、口感冰冰凉凉、外皮软软糯糯，细腻和透润搭配馅料独特的滋味，有颜又有内涵。水晶粽有茉莉花、桂花、玫瑰花红豆、紫薯、抹茶等口味每一款都让人食欲大开。

八、茉莉花鸡片

鸡蛋去黄留清；鸡脯肉剔去筋，洗净，切成薄片，放入凉水内泡一下，捞起用干布压净，放盐及湿淀粉、鸡蛋清，调匀，拌鸡片；茉莉花择去蒂，洗净；

火烧开，锅离火，把鸡片逐片下锅，再上火略氽，捞出；烧开鸡清汤，用盐、味精、胡椒粉、料酒调好味，盛热汤把鸡片烫一下，捞入汤碗内，放入茉莉花，注入鸡清汤即成。此汤菜具有补虚强体的功效，适用于五脏虚损而具有虚火之人食之，尤适于贫血，疲倦乏力者。健康人食之能防病强身。

九、茉莉玫瑰粥

将茉莉花、玫瑰花、粳米分别去杂洗净，粳米放入盛有适量水的锅内，煮沸后加入茉莉花、玫瑰花、冰糖，改为文火煮成粥。此粥具有疏肝解郁，健脾和胃，理气止痛的功效。适用于肝气郁结引起的胸胁疼痛，慢性肝炎后遗胁间痹痛，妇女痛经等病症。

十、茉莉银耳

将银耳放碗内用温水泡发，择洗干净，泡入凉水中；茉莉花蕾去蒂。洗净；锅中加清水、精盐、味精烧开，撇去浮沫，倒入汤碗中，撒上茉莉花即成。此汤气味芳醇，具有疏肝解郁，滋阴降火的功效。适用于肝郁气滞，化火伤肺所引起的咳嗽，咯血，胸胁痛等病症。

十一、茉莉金桔饮

将茉莉花研为细末，金桔饼切成丁状；粳米淘洗干净，加水煮成稀粥，再将金桔饼煮二三沸；于粥中调入茉莉花末即可食用。此饮清香可口，具有疏肝理气，健脾和胃，止痢的功效，适用于梅核气，腹胀腹痛，痢疾等病症。

第三节　茉莉花旅游产业

近年来，横州市结合丰富的文旅资源，将茉莉花等特色农业融入文旅发展，通过实施“茉莉花+”花茶、盆栽、食品、旅游、用品、餐饮、药用、体育、康养“1+9”产业集群产业链战略布局，实现农文旅产业深度融合的发展格局。

一、横州市茉莉花旅游产业发展成果

横州市山川秀美，人文历史悠久，旅游资源丰富。汉伏波将军马援、宋著名词人秦少游、明建文帝朱允炆、大旅游家徐霞客等在横州留下了精彩的历史印

记。有应天寿佛寺、伏波庙、海棠桥、天子码头、承露塔、笔山花屋、施家大院、李萼楼等众多古迹。2022 年，横州市主要旅游景区（点）有国家 AAAA 级景区 1 个（九龙瀑布群国家森林公园），国家 AAA 级景区 7 个（横州市西津湖旅游景区、中华茉莉园景区、横州市圣茶谷景区、横州市西津国家湿地公园景区、广西金花茶业工业旅游园、横州市顺来茉莉花茶展览馆、伏波景区），以及平朗乡笔山村（中国传统村落）、宝华山旅游风景区、六景泥盆系标准剖面保护区等；有全国工业旅游示范点 1 家（西津水力发电站）、广西休闲农业与乡村旅游示范点 4 家（圣种茶博园、圣茶谷景区、飘香农庄、南山大森），广西五星级乡村旅游区 1 家（圣种茶博园），广西四星级农家乐 3 家（飘香农庄、青西朗泉水乐园、铭钧庄园），广西三星级农家乐 7 家（马毕茉莉庄园、国标竹园家庭农场、上淇农庄、关塘龙珠泉水上乐园、朝南村农家乐、马山星星农家乐、南山大森休闲农家乐），三星级旅游饭店 1 家（横州国际大酒店），旅行社 1 家，旅行社分社及门市部 10 家（个）。

（一）开发建设茉莉花主题景区

1. 中华茉莉园

“中华茉莉园”位于横州市县校椅镇石井村委会，南宁至兴业高速公路横州市校椅出口至横州市县城二级公路处，规划总面积 1 万亩，其中核心区面积为 4200 亩，按照国家级现代农业科技示范园、国家 AAAA 级旅游景区、国家级农业旅游示范点等规格规化和建设，分为茉莉花品种展示区、茉莉花游乐区、茉莉湖生态湿地观光区、茉莉花养生休闲度假区、茉莉花产品加工区、茉莉花商贸购物区等 6 个区域，集生产、加工、科研、文化、观光和旅游于一体。

图 51　中华茉莉园景色（图片来源：横州市职业技术学校）

2. 圣茶谷

圣茶谷位于横州莲塘镇佛子村圣山茶园，是集生态有机茶叶采摘加工、度假旅游、休闲娱乐为一体的旅游景区。景区内建设有养生度假区、生态体验区、娱乐休闲区、综合服务区、科技农业生态茶叶、果蔬种植体验示范区等旅游景点。

3. 圣种茶博园

圣种茶博园是一个集茶叶研究开发、种植、加工、销售、展览、餐饮娱乐为一体的特色化旅游景点。依托“南山圣种白毛茶”历史文化和宝华山禅佛文化资源优势，建设现代化茶叶加工体验区、茶文化传播、佛教圣地茶山生态观光旅游休闲度假区为一体的农业生态和文化旅游产业示范基地。

（二）推出丰富的茉莉花旅游产品

每年 4 月至 11 月，丰收的田园缀满了洁白无瑕的茉莉花蕾，飘荡着沁人心脾的悠悠清香，流溢着花乡的一片浓浓风情。茉莉花每年为横州市吸引来大约 60 万名游客，横州市把商贸和旅游结合起来，从三方面推出“茉莉之旅”，带动旅游产业的快速发展。

1. 花茶文化游

文化是旅游的灵魂，横州市茉莉花种植历史悠久，茉莉花产业已成为横州市的支柱产业，茉莉花已深深地融入横州市人民的生活。茶文化是一种很雅致的文化，花文化也是一种很雅致的文化。横州市将把这两种文化结合起来，形成自己独特的花茶文化魅力。该县花茶文化游重点放在茉莉花的温馨、浪漫、高贵的品质上，推出甜美爱情“莫离”游、茉莉花茶体验游、与茉莉花有关的节事旅游，将茉莉花独特的文化融入旅游者的旅游行程中，为游客提供一系列以花和茶为主题的活动与线路。

2. 农业生态休闲游

横州市特色农业旅游资源竞争优势突出，空气清新，环境优美，是开展农业休闲游的理想之地。中华茉莉园开发了茉莉花特色农业生态观光游、茉莉花特色农业生态休闲游（农家乐），开展一些以茉莉花为主题的休闲活动，让游客全身心投入到茉莉花的海洋中。

图 52　中华茉莉园露营基地

3. 工业游

横州市拥有 186 家花茶加工企业，均具有一定的规模和基础。其中，西南茶城已成为中国南方的茶叶集散地，形成了较大的规模和品牌效应。在工业旅游日趋流行和成熟的背景下，横州市开发了“茉莉之旅”系列工业旅游。游客在可以在可观赏到世界各国色彩斑斓的茉莉花品种，了解到我县茉莉花种植、管理、加工的全过程，并品尝到各种名优靓茶。

（三）举办茉莉花节庆活动

1. 世界茉莉花大会、中国茉莉花文化节

自 2000 年以来，横州市已连续成功承办了十三届全国茉莉花茶交易博览会、茉莉花文化节，五届世界茉莉花大会，均取得了丰硕的经贸和文化成果。今年大会继续列入中国—东盟博览会系列活动，通过中国—东盟博览会这个国际交流合作的大平台，让横州茉莉花产业沿着“一带一路”进入东盟大市场，进一步促进茉莉花产业兴旺、文化传承、城市发展，提高横州市茉莉花区域品牌影响力。

图 53　第五届世界茉莉花大会现场

横州茉莉花文化近年来已成为促进中国—东盟等“一带一路”国家和地区经贸人文交流的桥梁纽带和友谊信物。本届大会将通过创新系列文旅活动，继续挖掘、传承、弘扬茉莉花文化，让中国茉莉花文化在“一带一路”倡议下焕发出新的活力。除了在横州市举办“好一朵横州茉莉花”文艺晚会之外，还将创新策划推出“香约横州”茉莉嘉年华每月系列主题活动，设计“闻香之旅”精品旅游路线，开展“好一朵横州茉莉花”书画摄影展、盆景展等文化展示、文化旅游活动。

2. 茉莉花开采节

2022年起，横州市每年4月举办茉莉花开采节。现场举办茉莉花采摘体验、“茉莉花+”花茶、盆栽、食品、旅游、用品、餐饮、药用、体育、康养“1+9”产业集群展销一条街、“书香茉莉”国画书法创作等一系列文旅活动，充分体现“茉莉+旅游”“茉莉+文化”的独特魅力，吸引着八方游客共赴一场赏花海、品花茶、闻花香的茉莉之旅。

图 54　茉莉花开采节

随着横州市“好一朵横州茉莉花”品牌影响力不断扩大，走进横州体验乡村游的游客越来越多。现如今，横州之旅不再局限于赏花，旅游的内涵、产品体验得到了不断丰富。2023年一季度，横州市共接待游客120.15万人次，旅游综合收入11.85亿元。“三月三”假期接待游客16.15万人次，旅游综合收入3269.23万元。

二、横州市茉莉花旅游的不足

横州市茉莉花旅游初成规模，但仍需完善。首先，横州旅游基础配套设施尚未健全，如各个文化景点间交通线路的衔接尚未便捷化，为外地旅游者的交通出行带来极大的不便利。同时还缺乏良好的服务条件，如当地的导游水平有待提高，公共设施逐渐老化等，这些不足让游客们未能真正地静下心来感受茉莉花文化的魅力。其次，茉莉花产业和旅游产业并没有很好的融合。横州存在一些旅游景点为了寻求短期的利益而对景区进行盲目的开发，景区宣传内容局限于自身景点的旅行资源，未使用横州的旅游形象“中国茉莉花之乡”进行宣传，导致“茉莉之旅”没有形成以点连成线，线连成面的带动效果。此外，对于横州旅游业而言，横州旅游的宣传力度也有待加强，虽然横州山清水秀，拥有许多特色景观，但事实上还有多数人对横州的旅游资源没有很大的了解，同时对茉莉花产业也了解甚少。

三、茉莉花旅游发展路径

茉莉花，其花可赏、其香可闻、其材可食、其茶可品、其曲可听，能全方位满足人们的感官享受；再加上历史悠久、文化底蕴深厚、知名度极高，无疑是发展花卉旅游和休闲创意农业很好的素材。具体而言，可从以下几个方面加强茉莉花旅游产业的发展：

（一）继续加强茉莉花主题花园建设

茉莉花花期长达数月，本身就可以作为吸引游客前来观赏的主要载体，通过茉莉花专类园、茉莉花展示园等主题花园的建设，可促进茉莉花从传统的家庭盆栽为主向专业化、标准化、规模化种植转变。茉莉花的花期可人为调控，如能将设施栽培与花期调控技术相结合，实现在国庆、元旦、春节、元宵节等重要传统佳节开花和周年开花，更能吸引人气、聚拢客流。

（二）拓展茉莉花的休闲功能

应引导游客深度参与其中，如鲜花采摘、香精提取、花茶制作、花饰编制及插花、花艺表演等活动，都可让消费者体验到休闲、创意的乐趣，从而增加经济效益。而以茉莉花为主题的电影、电视剧放映或歌舞表演等文艺活动，也能给观众带来不一样的体验和心理感受，更加激发人们对茉莉花的喜爱，从而起到吸引游客的作用。

图 55　茉莉花开采节插花活动

（三）丰富茉莉花的精神文化内涵。

茉莉花的精神文化不仅反映了中国众多人们墨客的理想、信仰、情怀与艺术取向，也反映了广大群众的价值观念和审美情趣等。不仅如此，茉莉花的清香、洁白、典雅、端庄、含蓄等特点还具有廉洁文化的内涵，茉莉花种植园可作为廉政教育基地和党性锻炼基地，通过让广大党员干部感受茉莉花朴实无华的品质和清正廉洁的操守，触动心灵、坚持理想信念。

（四）茉莉花文化节与相关产业协同发展。

用茉莉花提取精油、加工香精香料、生产保健品、工艺品等，使之与加工业紧密联系。茉莉花能食用，可开发众多美食佳肴、饮品、点心等，实现与餐饮业的直接结合。各种观光、体验、创意活动的开展，使茉莉花与旅游业又交织在了一起。因此，通过茉莉花主题文化节的举办，发展茉莉花（包括茉莉花文化）相关产业，可实现一、二、三产业的深度融合，从而促进茉莉花文化旅游的发展。

第四节 茉莉花美妆产业

茉莉花有许多美容功能。茉莉花含有多种维生素和矿物质，具有保湿滋润、抗氧化、淡化色斑等功效，有助于美容养颜。茉莉花可以帮助深层清洁皮肤，去除多余的油脂和污垢，同时也可以为皮肤补充养分。使用茉莉花的产品可以帮助缓解干燥、瘙痒和炎症等皮肤问题，使皮肤更加光滑、柔软和有弹性。另外，茉莉花中的花青素是一种强效的抗氧化剂，可以帮助预防自由基的损伤，减少皮肤老化和皱纹的产生。此外，茉莉花具有温和的镇静和舒缓效果，对于敏感肌肤而言是一种非常温和有效的美容成分。茉莉花的香气是一种非常独特的香气，它可以帮助缓解情绪压力、焦虑和抑郁等情绪问题。茉莉花的香气可以激发人的感官和情感，增强人的幸福感和满足感。在中药理论中，茉莉花还有安神和催眠的功效，可以帮助人们入眠并缓解失眠问题。

一、茉莉花美妆历史

茉莉有着纯洁以及芬芳、相当之美的特点能够被当作装饰来修饰女人的秀发，在印度历来属于佛教这个宗教中相当圣洁的吉祥物。而从阿旃陀壁画之中也可以看出，画中菩萨所戴的宝冠上即有闪闪发亮的茉莉。依照佛教历来的习俗，通常借助于丝线而将茉莉进行串联并制成花环，将其供奉在了佛像的面前。而在汉代过后一段时间，中国南方才开始有了这一类的习俗。清朝李渔在《闲情偶寄》中感叹茉莉一花，它天生就是为助妆美容而出现的。《本草从新》中记载茉莉花辛热，蒸取茉莉花油涂抹面部和头发，可以润燥香肌、润泽头发。《王右丞诗注》中记载茉莉花研磨成末，涂抹于面部，香味持久有奇效。《本草纲目》记载茉莉花是女人穿为首饰或合面脂，也可以用来熏茶或蒸取汁液来替代蔷薇水。《竹屿山房》记载茉莉花可做膏。面脂、头泽、面药均为古代的化妆品。《广群芳谱》提到当时已采茉莉花蒸液，以代替蔷薇，并提到广州一带，制龙涎香若无素馨，多以茉莉花代之。

图 56　雨中茉莉花（图片来源：横州市职业技术学校）

清朝乾隆皇帝有诗云“簪迺由来久”，在《晋书 · 列传二 · 成恭杜皇后》之中就有对于茉莉簪花所作的初始性的记载：东晋时期的皇帝司马衍（也就是晋成帝）其皇后过身的时候吴国中的女子簪柰。而在《清宫禁二年记》之中则同样地有着相关的载录，提到慈禧对于这茉莉亦有着相当程度的偏爱，并且还特别地规定了，自己身旁的人都不能簪茉莉。《本草纲目》草部卷之十四·草三：茉莉。唐·窦叔向的《贞懿皇后挽歌》之二中记载妇人都插柰花，茉莉一名柰花。清朝王士禄有茉莉花诗香从清梦回时觉，花向美人头上开。明朝孙蕡有歌罢美人簪茉莉，饮阑稚子唱铜鞮的诗句。宋《闽广茉莉说》一书中记载闽广多异花，悉清香郁烈，而茉莉为众花之冠。岭外人或云抹丽，谓能掩众花也，至暮尤香。茉莉花在宋时已经是当时的八大名贵的花卉芳草之一了。当时在福建，海南地区广为种植。茉莉花为佛国花香佳卉，蕊若圆珠，浓香解媚。南国的姑娘妇女喜爱把茉莉花作为衣襟上的装饰品。把茉莉花用细铅丝串成茉莉花球挂在衣襟上，这就是所谓的香薰茉莉球了。还有妇女把她簪在发髻上，所谓倚枕斜簪茉莉花，在晋朝时成为当时妇女们的一种时尚。到了唐宋时期，长安都城妇女更是普遍流行头簪茉莉花，竞相赶时髦。据说茉莉花有红白色两种，红的姑娘们戴在头上显得青春靓丽妩媚，楚楚动人；白色的茉莉花戴在已婚妇女的的头上显得贤淑清秀雅致。

《广群芳谱》中有诗曰：“茉莉开时香满枝，钿花狼藉玉参差；茗杯初歇香烟尽，此味黄昏我独知。”在此诗中道出了茉莉花可以泡茶、可以熏香避蚊子等。在工余休闲之时泡上一壶茉莉花茶，在瓜棚豆架下和青藤缠绕的夏暑的庭院里纳凉，用香驱蚊，

月光皎皎，清风徐来，茉莉花飘香馥郁，正好似真香搜麝遂风来，茉莉花善消暑烦，沁人心脾。一卉能熏一室香，炎夏犹觉肌冰凉。宋时诗人许棐又有诗句证实道荔枝乡里玲珑雪，来助长安一夏凉，情味于人最浓处，梦回犹觉鬓边香。身处岭南得他，一晚的梦想中还感觉到，长安城内来自南方的，姑娘妇女头上戴着的茉莉花球的清香味呢。那苏东坡被贬到天涯海角的海南儋州时见到在那个地方的一些黎族女子亦相当地喜爱使用茉莉来给自身鬓发装饰，以作对自身形象的美化。因而就拿笔半开玩笑地写道：那身穿短衣筒裙，鬓发上簪着茉莉花的姑娘年青的妇女，脸色潮红口中嚼着槟榔，浑身上下散发出茉莉花馥郁的清香味，是那么的靓丽可人心扉。那里的姑娘和妇女们还把茉莉花放在精致的小巧玲珑的小花囊里，或者是花篮里，挂在蚊帐里，驱蚊避虫，伴随着茉莉花馥郁的清香一起进入甜美的梦乡。辛弃疾的词有词作凭借一枝插在发鬓上的茉莉花，循着茉莉的香气就能找到簪花的女子。周密的《叶合花·茉莉》更是用茉莉写人的词作精品：虚庭夜气偏凉。曾记幽丛采玉，素手相将。青蕤嫩萼，指痕犹映瑶房。风透幕，月侵床。记梦回、粉艳争香。枕屏金络，钗梁绛楼，都是思量。这些词作都能说明当时茉莉独有的沁人心脾的清香受到人们的喜爱，妇女多用来装饰美容。

二、茉莉花的美妆产品

随着时代的发展，茉莉花的美妆文化不断丰富和发展。在现代社会，人们对美丽的追求不仅仅停留在外在，更多的开始注重内在美的展现。因此，茉莉花的美妆文化也开始从关注肌肤表面转向关注内在美的滋养和保持。现代的美容美妆产品更加注重天然、安全、健康，其中含有大量的茉莉花成分，如茉莉花水、茉莉花精油等，能够滋润肌肤、舒缓肌肤、改善肌肤问题，具有很好的美容功效。

茉莉花是中国美妆品牌的灵感来源之一。随着中国消费者对美妆产品的需求日益增长，越来越多的中国美妆品牌开始注重产品的文化内涵和创新性，而茉莉花作为一种具有东方特色和魅力的元素，自然成为了许多品牌的灵感来源。

例如，爱茉莉太平洋集团旗下的高端护肤品牌雪花秀，在其产品中加入了

茉莉花提取物，以增强产品的保湿和修护效果。另一个例子是创立于 2017 年的国潮美妆品牌花西子，该品牌以“扬东方之美，铸百年国妆”的愿景为导向，与众多具有汉服、名胜古迹、京剧等元素的品牌跨界联名，并以茉莉花为主题推出了多款彩妆产品。

茉莉花的美妆产品主要有以下几类：

1. 茉莉花水

茉莉花水是一种以茉莉花为主要成分的天然保湿水，其香气清新淡雅，具有很好的保湿效果。茉莉花水可以用于日常的肌肤保养中，能够滋润肌肤、舒缓肌肤，使肌肤更加柔嫩和光滑。此外，茉莉花水还可以用于制作面膜、爽肤水等产品中，具有很好的美容功效。

2. 茉莉花精油

茉莉花精油是一种以茉莉花为主要成分的天然香料，其香气清新淡雅，能够带来芬芳的气息。茉莉花精油可以用于日常的肌肤保养中，能够滋润肌肤、舒缓肌肤，使肌肤更加柔嫩和光滑。此外，茉莉花精油还可以用于制作身体喷雾、香水等产品中，具有很好的香氛作用。

3. 茉莉花面膜

茉莉花面膜是一种以茉莉花为主要成分的天然保湿面膜，其香气清新淡雅，具有很好的保湿效果。茉莉花面膜可以用于日常的肌肤保养中，能够滋润肌肤、舒缓肌肤，使肌肤更加柔嫩和光滑。此外，茉莉花面膜还可以用于制作面膜、泥膜等产品中，具有很好的美容功效。

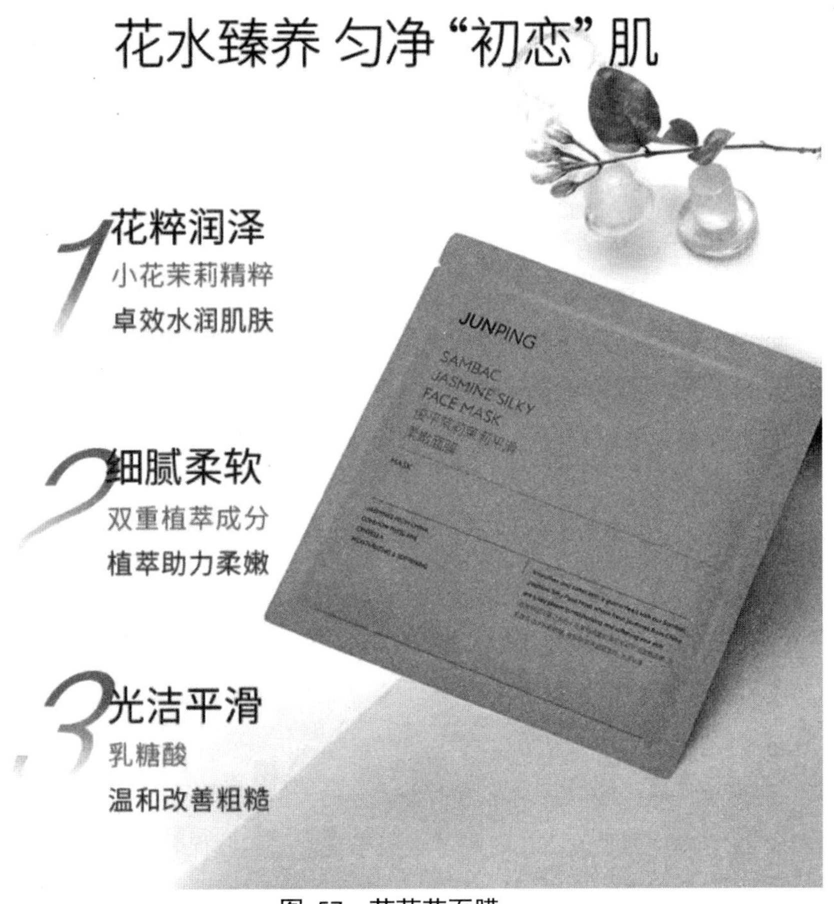

图 57　茉莉花面膜

4. 茉莉花香膏

茉莉花香膏是一种以茉莉花为主要成分的天然香料，其香气清新淡雅，能够带来芬芳的气息。茉莉花香膏可以用于日常的肌肤保养中，能够滋润肌肤、舒缓肌肤，使肌肤更加柔嫩和光滑。此外，茉莉花香膏还可以用于制作身体喷雾、香水等产品中，具有很好的香氛作用。

5. 茉莉花唇膏及护肤品

茉莉蜡来自于纯天然的小花茉莉所含的天然蜡质成分，产由脂吸法工艺提取茉莉精油所剩下的副产物便是茉莉蜡，产量极低，因其中含有部分的茉莉精油，所以味道非常清香纯正，可用于替代高档唇膏以及高档护肤品中的蜂蜡成分，做成的成品也会具有茉莉蜡天然宜人香气。

三、茉莉花的美妆技巧

茉莉花的美妆技巧主要有以下几点：

1. 使用茉莉花水

茉莉花水是一种以茉莉花为主要成分的天然保湿水，其香气清新淡雅，具有很好的保湿效果。在日常的肌肤保养中，可以将适量的茉莉花水倒在化妆棉上，轻轻擦拭肌肤，能够滋润肌肤、舒缓肌肤，使肌肤更加柔嫩和光滑。此外，茉莉花水还可以用于制作面膜、爽肤水等产品中，具有很好的美容功效。

2. 按摩肌肤

在洗完脸之后，可以将适量的茉莉花水涂抹在脸上，轻轻拍打肌肤，能够促进肌肤的血液循环，增加肌肤的弹性和光泽。此外，还可以将茉莉花水倒在手心中，轻轻按摩脸部肌肤，能够有效地去除角质，使肌肤更加细腻和光滑。

3. 使用茉莉花精油

茉莉花精油是一种以茉莉花为主要成分的天然香料，其香气清新淡雅，能够带来芬芳的气息。在日常的肌肤保养中，可以将适量的茉莉花精油滴在化妆水中，涂抹在脸上，能够滋润肌肤、舒缓肌肤，使肌肤更加柔嫩和光滑。此外，茉莉花精油还可以用于制作身体喷雾、香水等产品中，具有很好的香氛作用。

4. 注意防晒

茉莉花虽然具有很好的防晒效果，但在夏季中紫外线比较强烈的情况下，还需要注意防晒。可以将适量的茉莉花精油和珍珠粉混合在一起，涂抹在脸上，能够防晒、美白、滋润肌肤，使肌肤更加细腻和光滑。

总之，茉莉花的美妆文化不仅仅是关注肌肤表面的保养，更多的是注重内在美的展现和保持。在使用茉莉花水、精油、面膜、香膏等产品时，需要注意使用方法和注意事项，才能够发挥其最大的美容功效。

第五节　茉莉花康养产业

一、康养产业概述

广西把康养产业作为战略性新兴产业，推进健康养老、健康医药、健康食品、健康运动、健康管理、健康旅游、健康制造等产业全面发展，加快建设国内一流、国际知名的宜居康养胜地。先后出台了《关于印发加快大健康产业发展的若干意见》《广西大健康产业发展规划（2021—2025年）》等文件，不断打响“壮美广西·长寿福地”品牌。

据统计，2023年1—5月，广西新签大健康和文旅体育产业项目投资额426亿元，到位资金226亿元。近年来，广西持续大力开展招商引资，吸引了华润、泰康、融创、银基、华邦等一批知名企业到广西投资布局康养产业。目前，华润悦年华颐养社区、北海银基滨海旅游度假中心、南宁牛湾文化旅游岛、崇左乐养城等一批重大康养项目建成并投入使用，进一步丰富我区康养服务业态。

康养产业是医疗、养老、养生、体育等多业态融合发展的朝阳产业、未来产业，广西立足各地的基础和特点，因地制宜推进健康养老产业加快集聚、协同发展。

南宁市围绕“养、游、动、医、疗、食、造”的康养产业链，推动康养产业领域一二三产跨界发展。桂林市创新推出“康复疗养＋旅游”“中医药特色体验＋旅游”“康养旅游＋健康食品”等多种业态发展模式，推动康养产业加速融合并不断集聚发展。横州市则紧扣茉莉花主题，大力发展康养产业项目。

二、茉莉花的康养价值

茉莉花不仅具有观赏价值和食用价值，还有康养价值。茉莉花具有自然的香气，这种香气可以缓解人的紧张情绪，减轻压力，改善睡眠质量。因此，茉莉花也被广泛应用于康养领域。

比如，茉莉花浴就是一种很好的康养方式，其做法是将新鲜的茉莉花撒入浴缸中，加入适量的温水和沐浴露，进行泡澡。茉莉花浴可以帮助人体放松神经，缓解疲劳，促进睡眠。此外，茉莉花浴还可以滋润皮肤，使皮肤变得更加光滑细腻。

茉莉花在康养领域具有广泛的应用价值，它可以帮助人们缓解紧张情绪，减轻压力，改善睡眠质量。如果您需要缓解身心压力，改善睡眠质量，可以尝试饮用茉莉花茶、使用茉莉花精油、进行茉莉花浴等方式，让自己在繁忙的生活中得到更好的康养和休息。

古人对香气保健作用的认识和香文化的普及是促成花与茶结缘的最直接的原因。中国香文化发源于先秦时代，在春秋战国时期逐渐成形，在宋代达到鼎盛。宋代经济高度发达，造船业的快速发展和政府对海外贸易的鼓励政策，使泉州迅速成为世界上香料贸易的中心，中外贸易进口了大量香料。据《宋史》记载，宋初人贡的乳香动辄万斤。宋朝专门设立了“榷易院”、香料库，专司香料的买卖和贮藏。

同时，随着宋代生活水平的提高，人们在生活、饮食、建筑、婚育仪式、宗教活动、宴会庆典、节日习俗等日常生活中广泛使用香品成为时尚，如妆饰香品香膏，佩带香囊，居室厅堂焚香熏香，食沏香点香茶，沐浴香汤，调服香药、香酒，制香等。尤其是宋代人们之间开始形成品香文化。黄庭坚总结出香之“十德”，至今仍然备受香文化界推崇。宋朝专门组织编纂许多大型方书，还有儒医撰写的方剂、本草与综合性医书中，都记载了大量的香药方剂。仅《太平圣惠方》中，以香药命名的方剂如乳香丸、沉香散、沉香丸等约120种；《局方》作为我国历史上第一部官修制药手册，其中“诸心痛门”以香药命名的医方就有沉香散等17种。官方医术的记载和推荐，推动了芳香类药物在中医养生治疗上的广泛应用，进一步丰富并完善芳香化湿、芳香理气、芳香避秽、芳香开窍、理气止痛、活血通络等治疗法。品香与斗茶、插花、挂画被宋人并称为修身养性的“四般闲事”。

古人对香气保健作用的认识和香文化的普及，最终促成了花与茶的结缘，出现了一股香茶热。北宋初年，民间就已经在用珍果香草改进茶叶香气。宋蔡襄撰《茶录》记载，北宋初年“茶有真香，而人贡者微以龙脑和膏，欲助其香”。后因其香味酷烈，入香后影响茶的真味，故未能发展。并且贡茶人香，制法虽然精良，但造价相当昂贵，当时仅为帝王贡品，民间却鲜为人知。另据《茶录》记载：“建安民间试茶，皆不入香，恐夺其真，若烹点之际，又杂珍果香草”。

宋代民间在茶叶中加入“珍果香草”的饮法已较为普遍，但这些都不能称为花茶，至多是花茶的雏形，因为茶叶没有经过鲜花窨制，其品质还没有起到质的变化。

到了南宋时期，对花茶的记述逐渐增多，制茶方法也逐渐成熟。南宋赵希鹄《调燮类编》记载：木樨、茉莉、玫瑰……皆可作茶。量茶叶多少，摘花为伴。花多则太香，花少则欠香，而不尽美。三停茶叶，一停花始称。这说明花茶生产已完成了从拌香料到香花熏制这样一个大的飞跃，为现代花茶生产奠定了基础。

陈景沂的《全芳备祖》云：“茉莉熏茶及烹茶尤香。”说明当时用香花窨制花茶的制作方法已经出现。南宋苏州词人施岳的《步月·茉莉》词云：“玉宇茸风，宝增明月，翠丛万点晴。霜雪不冻，不就散广寒。扉屑采珠蓓，绿粤露滋填银艳，小莲冰结花魂在，纤指嫩痕，素英重结。枝头香未绝，还是中秋丹桂时节。醉乡冷境，怕翻成消歇。玩芳味，春焙旋燕，贮秋韵，水沉频热。堪怜处，输与夜凉睡操”。

周密在施岳词中注释说：“茉莉岭表所产，古今咏者不甚多。此花四月开，直至桂花时节尚有玩芳味，古人用此花焙茶，故云。”据施岳所说，用茉莉花通过“容”而达到“贮秋韵”于茶叶之中，并且最后还要焙干，其制作原理与现代花茶制法已较近似。但这个时期，茉莉花茶主要是人们雅士的自给性生产，还没有作为商品生产进入贸易行列。明代，茉莉花茶窨制技术得到较大发展。明徐𤊹所撰《茗谭》中说：“吴人顾元庆茶谱，取诸花和茶藏之，殊夺真味，闽人多以茉莉之属，浸水瀹茶。”《横州府志》记载，明万历年间，横州产茉莉花茶。由此可知，横州用茉莉花窨制茶叶历史十分悠久。

时至今日，茉莉花已经形成了一个康养产业。茉莉花康养产业是指以茉莉花为载体，提供各种康养服务，如茉莉花疗法、茉莉花 SPA、茉莉花香疗等，改善人们的健康状况和心理状态的产业。茉莉花康养产业是横州市茉莉花产业发展的重要组成部分，也是横州市打造“茉莉花 +”花茶、盆栽、食品、旅游、用品、餐饮、药用、体育、康养“1+9”产业集群的重要内容。茉莉花康养产业的优势在于：

1. 茉莉花具有清热解毒、活血化瘀、安神镇静等功效，可以调节人体内分泌，缓解压力，改善睡眠，增强免疫力。

2. 茉莉花香气清雅宜人，可以舒缓情绪，提升幸福感，激发创造力，增进人际关系。

3. 茉莉花康养产业可以与旅游、文化、体育等产业相结合，形成多元化的产品和服务，满足不同层次和需求的消费者。

茉莉花康养产业的发展前景广阔，有利于推动横州市乡村振兴、文化传承、生态保护等方面的工作，也有利于提升横州市“世界茉莉花都”的国际影响力和竞争力。

三、横州市茉莉花康养产业发展成果

（一）深入挖掘茉莉花的药用价值

茉莉花含有多种化学成分，具有多种药理作用，在中医学中被广泛用于多种疾病的治疗。本文将从化学成分、药理作用、临床应用等方面来探讨茉莉花的医疗价值。

1. 化学成分

茉莉花中含有多种化学成分，包括挥发油、黄酮类化合物、苯丙素类化合物、有机酸等。其中，挥发油是茉莉花的主要活性成分，主要包括苯甲酸甲酯、茉莉酮、茉莉酮酸等。黄酮类化合物主要包括黄酮类、黄酮醇类、黄烷酮类等。苯丙素类化合物主要包括香豆素、伞形花内酯等。有机酸主要包括苯甲酸、乙酸、丙酸等。

2. 药理作用

茉莉花具有多种药理作用，包括抗炎、抗氧化、抗肿瘤、抗菌、镇痛等作用。其中，抗炎作用是茉莉花的主要药理作用之一，可以用于治疗多种炎症性疾病，如鼻炎、支气管炎、肺炎等。抗氧化作用可以用于治疗心血管疾病、癌症等。抗肿瘤作用可以用于治疗乳腺癌、肝癌、肺癌等多种癌症。抗菌作用可以用于治疗细菌感染性疾病，如肺炎、结核病等。镇痛作用可以用于治疗疼痛性疾病，如关节炎、痛风等。

在中医领域，茉莉花的花、叶和根都可药用，一般秋后挖根，切片晒干备用，夏秋采花，晒干备用。现在医学研究表明，茉莉花含有茉莉花油，主要成分为苯甲醇及其酯类、茉莉花素、芳樟醇、安息香酸芳樟醇酯等物质，具有理气和中，开郁辟秽的作用。茉莉花的根含生物碱、甾醇，对人体中枢神经系统有抑制作用。茉莉花味辛、甘，性凉，无毒，具有清热解毒、利湿作用，主要治疗下痢腹痛，目赤肿痛，疮疡肿毒等病症。我国很多中药文献典籍对茉莉花的药用均有记载，如《食物本草》记载茉莉花有“主温脾胃，利胸隔。”的作用；《药性切用》记载有“功专辟秽治痢，虚人宜之。”的作用；《本草再新》记载其有“解清座火，去寒积，治疮毒，消疽瘤。”的作用。俗话说“是药三分毒”，茉莉花虽然无毒，但药用时，还是有很多禁忌的，入药时务必在医师的指导下使用。

茉莉花蕾用于药物治疗眼部和皮肤疾病，而叶子用于治疗乳腺肿瘤。由芳香疗法和精神仪式中使用的花朵制成的精油唤起智慧，唤起和平与放松。茉莉花被认为既是一种抗抑郁药又是一种催情剂，使其适合于卧室的香味。茉莉花也被认为是一种镇静剂和助眠剂。

3. 临床应用

茉莉花在临床医学中被广泛用于多种疾病的治疗。其中，茉莉花被广泛应用于治疗鼻炎、支气管炎、肺炎等呼吸系统疾病。其抗炎作用可以缓解患者咳嗽、咳痰、呼吸困难等症状。此外，茉莉花还可以用于治疗心血管疾病、癌症等。其抗氧化作用可以清除自由基，减少细胞损伤，预防心血管疾病的发生和发展。同时，茉莉花的抗肿瘤作用可以抑制肿瘤细胞的生长和扩散，减轻患者的痛苦。

（1）药膳

在日常生活中，可以用茉莉花熬粥服用，方法是：糯米 100 克淘洗干净，下锅内加清水适量上火烧开，煮至米粒开花时，加入葡萄干 10 克，茉莉花 10 朵，白糖 100 克，稍煮即可；也可用茉莉和冬瓜制作成汤：在煮冬瓜汤时，加入适量的茉莉。茉莉花可以消除疲劳，舒缓情绪，预防感冒。还可以消暑清热、化湿，健脾止泻，宁心除烦。如经常上火或胃口不佳者，可多食茉莉花。

茉莉银耳汤：银耳 25 克，茉莉花 20 朵。锅内放清汤，放入银耳、料酒、盐、味精、煮沸撒上茉莉花。有生津润肺、益气滋阴，对肺热咳嗽、肺燥干咳、痰中带血、胃肠有热、便秘下血、老年性支气管炎、头晕耳鸣、慢性咽炎、月经不调、肺结核的潮热咯血、冠心病、高血压等均有良好的疗效。对神经衰弱，病后体弱等滋补最好。

（2）外用

茉莉花还可以和菊花共同使用来去除黑眼圈：鸡蛋壳 1 个，茉莉花、菊花各一大勺，甘油 5 毫升，柠檬酸少量，伏特加酒 20 毫升。做法：浸泡鸡蛋壳 1 小时左右，剥下蛋壳内侧的薄皮，自然干燥半日；将薄皮切成细长条，与茉莉花、菊花放人伏特加酒中半日，过滤后放入柠檬酸、矿泉水、甘油。用法：将浸满液体的化妆棉敷于眼部，保持 5 分钟，可每日使用。功能：蛋壳薄膜可以保持肌肤弹性，并有很强的美白肌肤和保湿的功能。菊花则香气纯正，可治疗视疲劳。

4. 茉莉花精油的使用

除了作为中药材使用外，茉莉花还可以提取用于制造香料、化妆品等领域。其中，茉莉花精油是一种天然的植物精油，具有淡雅的香气和多种药理作用。茉莉花精油可以通过皮肤吸收、口吸等方式使用，被广泛用于美容、保健等领域。

其香气可以缓解人的紧张情绪，提高心理素质，同时具有保湿、抗衰老等作用。

5. 注意事项

尽管茉莉花具有多种药理作用和临床应用，但在使用时仍需注意适量和搭配禁忌，以免对身体造成不良影响。同时，由于茉莉花的成分较为复杂，因此在孕妇、哺乳期妇女、儿童等特殊人群中使用时需谨慎。此外，茉莉花精油的使用也需注意浓度和搭配禁忌，以免对身体造成损害。

综上所述，茉莉花具有多种医疗价值，被广泛应用于治疗多种疾病。其化学成分和药理作用的研究为临床应用提供了科学依据。同时，茉莉花的园林文化价值也为我们提供了美的享受和精神寄托。深刻理解和掌握茉莉花的医疗价值，对于提高人类健康水平和生活质量，都有着重要的意义。

（二）大力发展茉莉花康养产品

1. 花、叶、根入药

茉莉花、叶和根都可药用，一般秋后挖根，切片晒干备用。夏秋采花，晒干备用，具有辛、甘、凉、清热解毒、利湿作用，花、叶药用治目赤肿痛，并有止咳化痰之效。根，味苦，性温，有毒，有麻醉、止痛功效，常用于跌损筋骨，龋齿，头痛，失眠等症。叶，味辛，性凉，有清热解表功效，常用于外感发热，腹胀腹泻等症。花，味辛、甘，性温，有理气、开郁、辟秽、和中等功效，常用于下痢腹痛，目赤红肿，疮毒等。

2. 茉莉花精油

茉莉精油被称为“精油之王”。茉莉精油产量极少因而十分昂贵，其具有高雅气味，可舒缓郁闷情绪、振奋精神、提升自信心，同时可护理和改善肌肤干燥、缺水、过油及敏感的状况，淡化妊娠纹与疤痕，增加皮肤弹性，让肌肤倍感柔嫩。在泡脚的热水中滴入几滴茉莉精油，可以达到活血经络的目的。

3. 发展健康食品产业

横州市大力发展绿色产品、有机农产品生产基地，提高产品质量水平，新建一批茉莉花、茶叶（绿色产品、有机农产品）生产基地，对新获得绿色食品、有机农产品的茉莉花或茶叶生产基地发放现金奖励。鼓励横州市茉莉花及制品企业参与申报绿色食品认证、有机产品认证，对获得认证称号的企业给予奖励。加强食品安全，确保“舌尖上的健康”。

第六节　茉莉花体育产业

一、体育产业助力乡村振兴

（一）满足农村居民的精神文明需求

乡村振兴战略的核心在于通过促进农村经济发展，提升农村居民的整体收入水平。受不同地区资源禀赋差异的影响，农村经济的发展必须坚持因地制宜的基本原则，结合当地实际情况确定工作的总体需求，积极推动农村、农业的现代化发展。在农村经济发展过程中，需要同步加强农村制度建设等方面内容，构建城乡融合发展机制与政策扶持，为乡村振兴战略的实施提供保障 [1]。事实上，当前农村居民的生产生活方式已经与过去发生了显著变化， 相比于传统农村日出而作、日落而息的生产模式，当前农村居民拥有更多的休闲时间，但这些休闲时间往往并没有投入到体育活动方面。其主要原因在于，很多农村的体育场所和设施建设不够完善，不能满足农村居民的体育运动需求。在精神文明建设的进程中，体育活动的作用不可忽视，积极开展农村休闲体育产业的开发，能够让农村居民用更多时间投入于休闲体育活动中，满足其美好生活需求，并通过体育产业的发展促进农村经济增长。

（二）通过改善基础设施促进乡村振兴发展

大力发展农村休闲体育产业，满足农村居民的体育活动需求，需要建立在完善的体育基础设施建设和体育管理措施基础上。为此，政府急需通过加强体育基础设施建设、改善农村环境，来达到推动农村休闲体育产业发展的目标。满足农村居民的体育活动需求，也能有效提升农村居民整体的体质健康，保障农村居民参与体育活动的权利。此外，加强体育基础设施建设能够激发农村居民参与体育锻炼的自主性，使农村居民能够开展更为丰富的体育项目，能在稳步推进乡村振兴建设的同时，为农村地区经济发展提供更全面的基础设施支持。

（三）注意加强乡村文明建设

乡村文明建设是乡村振兴战略的重要组成部分，而推动休闲体育产业的开发，能完善农村体育管理模式、开展丰富的农村群众体育活动，帮助农村群众养成健康的生活方式，形成良好的体育锻炼意识。与此同时，积极开展农村群众体育活动，有助于推动农村体育项目的传播，促进农村特色体育知识和技巧的形成，也让农村居民进一步关注自身的身体健康水平，进而促进国民体质健康水平的发展。

二、横州市积极推进茉莉花＋体育产业发展

横州市结合当地特色优势茉莉花产业，积极推进体育产业的发展。

（一）组织茉莉花主题体育赛事

横州市通过组织茉莉花主题的体育赛事，引导人们深切体验体育运动的魅力，展示出阳光体育、健康向上的精神风貌，激发了人们的热情和创造力，促进了当地经济的发展和社会的进步。

近年来，跑步作为全民健身项目之一，正受到越来越多的人喜爱。2019 年，横州举办了“茉莉花杯”中华茉莉园环湖全民健身跑。此次健身跑活动，分为全民健身跑、迷你马拉松两项。全民健身跑以中国茉莉小镇为起点，途径中华茉莉园环湖一圈返回起点，全长约 4 公里；迷你马拉松围绕中华茉莉园环湖两圈返回起点，全长约 8 公里。活动汇聚了 400 多人参赛，他们来自不同的城市及各行各业，大家因跑步这个共同爱好相聚在横州，快乐出发。400 多人的队伍一路奔跑，一路欢声笑语，热情蓬勃的活力感染了许多路人，大家自发地为跑步者加油，甚至有围观群众情不自禁地跟着队伍跑了起来。

该类活动不仅吸引了全国各地的跑友来横州带动旅游消费，更促进了横州茉莉花文化与全民健身的融合。

（二）建设茉莉花主题生态体育运动场地

横州市依托茉莉花种植基地、茶园等自然优势，推进运动场地建设，完善户外运动配套设施。建设郁江茉莉之旅风情带，围绕创建集自然观光、文化体验、运动科普、花茶康养、休闲度假于一体的自治区全域旅游示范区的目标，加快推动该市文化和旅游产业、文旅产业和大健康产业深度融合发展。扶持打造乡村特

色体育游戏、特色农趣竞技、特色体育康养等沉浸式体育主题体验项目，推动生态体育多业态融合发展。

三、茉莉花＋体育产业发展路径

（一）发挥地方资源禀赋，打造品牌化休闲体育产业

横州市享有“中国茉莉之乡”、“世界茉莉花都”的美誉，是世纪工程平陆运河的起点城市。横州市地理位置优越，位于广西东南部，南宁市东部，地处北纬22° 08′～23° 30′，东经108° 48′～109° 37′。东连贵港市覃塘区、港南区，南接钦州市灵山县、浦北县，西界邕宁区、青秀区，北壤宾阳县。总面积3464平方千米。市政府所在地距首府南宁市100千米。横州市气候宜人，年平均气温约为21.7℃。横州市山川秀美，人文历史悠久，旅游资源丰富。汉伏波将军马援、宋著名词人秦少游、明建文帝朱允炆、大旅游家徐霞客等在横州留下了精彩的历史印记。有应天寿佛寺、伏波庙、海棠桥、天子码头、承露塔、笔山花屋、施家大院、李萼楼等众多古迹。2022年，横州市主要旅游景区（点）有国家AAAA级景区1个（九龙瀑布群国家森林公园），国家AAA级景区7个（横州市西津湖旅游景区、中华茉莉园景区、横州市圣茶谷景区、横州市西津国家湿地公园景区、广西金花茶业工业旅游园、横州市顺来茉莉花茶展览馆、伏波景区），以及平朗乡笔山村（中国传统村落）、宝华山旅游风景区、六景泥盆系标准剖面保护区等；有全国工业旅游示范点1家（西津水力发电站）、广西休闲农业与乡村旅游示范点4家（圣种茶博园、圣茶谷景区、飘香农庄、南山大森），广西五星级乡村旅游区1家（圣种茶博园），广西四星级农家乐3家（飘香农庄、青西朗泉水乐园、铭钧庄园），广西三星级农家乐7家（马毕茉莉庄园、国标竹园家庭农场、上淇农庄、关塘龙珠泉水上乐园、朝南村农家乐、马山星星农家乐、南山大森休闲农家乐），三星级旅游饭店1家（横州国际大酒店），旅行社1家，旅行社分社及门市部10家（个）。

依托生态资源禀赋大力发展休闲体育，推动“旅游＋体育＋产业”深度融合。组织各类专项体育赛事在横州举办，例如越野跑、山地骑行、轮滑、垂钓、全民健身运动会等为主的茉莉花主题文旅融合新业态，不仅可以提升了城市品位，打响了城市知名度、美誉度，也让横州成为越来越多人心目中的“运动乐园”。在发展体育产业的同时，要发挥体育带动作用。将办赛与茉莉花、茉莉花茶的展览

展示、农特促销、旅游推介、民俗文化等多样化活动相结合，以体育产业振兴经济，促进体育与地方特色产业的融合发展。

图 58　横州九龙瀑布群

（二）培养居民体育消费意识，打造以人为本的县域小城镇休闲体育产业

县域经济的发展高度依赖乡村经济，积极推动小城镇经济的发展，激活县域经济发展活力，是国家为全面振兴乡村经济提出的重要战略举措。县域地区和小城镇在未来相当长的一段时间内都将是农村人口的主要聚集地，同时也是大量中小型企业的聚集区，成为了县域经济发展的重要支撑。在休闲体育产业开发的背景下，依托于国家对乡村振兴所提出的一系列政策方针，县域小城镇可以适度发展以人为本的休闲体育企业，而地处于经济发达地区、城市群或城乡结合部的县域小城镇，也可以利用其区位优势发展休闲健身娱乐体育产业，补足周边城市存在的不足。

居民体育消费意识和行为的培养可以采取以下几种策略：第一，加大对农村体育基础设施建设的投入力度，加强居民对体育消费的认知；第二，定期组织居民参与身边的体育活动，满足居民日益增长的精神文明需求；第三，加强居民体育组织建设，对居民参与体育的行为起到引领作用；第四，通过宣传教育让居民加深对体育运动的理解，使其意识到体育活动是对自身健康的投资，也是提高生活水平和质量的关键，让体育运动真正成为农村居民日常生活中的一环。

（三）加强休闲体育产业人才培养体系建设

农村农业的现代化建设要求培养出一批具有过硬专业技能和文化素养的新型农民，通过改善农村经营模式， 为农村经济发展提供新的助力。任何产业的发展都离不开高素质的人才，对于农村休闲体育产业开发而言，其所需要的人才不仅要具备体育相关的知识和技能，更要拥有独到的经营理念。长期以来，农村体育产业的发展受到农村居民体育意识与行为的约束，而培养经营型人才可拥有体育技术的专业人才，能够突破当下农村休闲体育产业开发所面临的人才困境。休闲体育产业人才培养，可以依托于以下几个渠道：其一，由地方政府体育主管部门开设综合性农民体育产业培训班，帮助有志于从事休闲体育产业的农民学习专业技能和经营类知识，提升农村居民整体的综合素养；其二，通过政策偏向的方式动员社会体育组织中介机构，通过有偿培训的方式为农村居民提供健康培训机会；其三，动用学校体育教育资源，开展面向农村居民的短期培训。

第七节　茉莉花的医养文化产业

茉莉花作为一种常见的花卉，不仅具有观赏价值和园林文化价值，还具有医疗价值。茉莉花含有多种化学成分，具有多种药理作用，在中医学中被广泛用于多种疾病的治疗。本文将从化学成分、药理作用、临床应用等方面来探讨茉莉花的医疗价值。

一、化学成分

茉莉花中含有多种化学成分，包括挥发油、黄酮类化合物、苯丙素类化合物、有机酸等。其中，挥发油是茉莉花的主要活性成分，主要包括苯甲酸甲酯、茉莉酮、茉莉酮酸等。黄酮类化合物主要包括黄酮类、黄酮醇类、黄烷酮类等。苯丙素类化合物主要包括香豆素、伞形花内酯等。有机酸主要包括苯甲酸、乙酸、丙酸等。

二、药理作用

茉莉花具有多种药理作用，包括抗炎、抗氧化、抗肿瘤、抗菌、镇痛等作用。

其中，抗炎作用是茉莉花的主要药理作用之一，可以用于治疗多种炎症性疾病，如鼻炎、支气管炎、肺炎等。抗氧化作用可以用于治疗心血管疾病、癌症等。抗肿瘤作用可以用于治疗乳腺癌、肝癌、肺癌等多种癌症。抗菌作用可以用于治疗细菌感染性疾病，如肺炎、结核病等。镇痛作用可以用于治疗疼痛性疾病，如关节炎、痛风等。

在中医领域，茉莉花的花、叶和根都可药用，一般秋后挖根，切片晒干备用，夏秋采花，晒干备用。现在医学研究表明，茉莉花含有茉莉花油，主要成分为苯甲醇及其酯类、茉莉花素、芳樟醇、安息香酸芳樟醇酯等物质，具有理气和中，开郁辟秽的作用。茉莉花的根含生物碱、甾醇，对人体中枢神经系统有抑制作用。茉莉花味辛、甘，性凉，无毒，具有清热解毒、利湿作用，主要治疗下痢腹痛，目赤肿痛，疮疡肿毒等病症。我国很多中药文献典籍对茉莉花的药用均有记载，如《食物本草》记载茉莉花有“主温脾胃，利胸隔。”的作用；《药性切用》记载有“功专辟秽治痢，虚人宜之。”的作用；《本草再新》记载其有“解清座火，去寒积，治疮毒，消疽瘤。”的作用。俗话说“是药三分毒”，茉莉花虽然无毒，但药用时，还是有很多禁忌的，入药时务必在医师的指导下使用。

茉莉花蕾用于药物治疗眼部和皮肤疾病，而叶子用于治疗乳腺肿瘤。由芳香疗法和精神仪式中使用的花朵制成的精油唤起智慧，唤起和平与放松。茉莉花被认为既是一种抗抑郁药又是一种催情剂，使其适合于卧室的香味。茉莉花也被认为是一种镇静剂和助眠剂。

三、临床应用

茉莉花在临床医学中被广泛用于多种疾病的治疗。其中，茉莉花被广泛应用于治疗鼻炎、支气管炎、肺炎等呼吸系统疾病。其抗炎作用可以缓解患者咳嗽、咳痰、呼吸困难等症状。此外，茉莉花还可以用于治疗心血管疾病、癌症等。其抗氧化作用可以清除自由基，减少细胞损伤，预防心血管疾病的发生和发展。同时，茉莉花的抗肿瘤作用可以抑制肿瘤细胞的生长和扩散，减轻患者的痛苦。

1. 药膳

在日常生活中，可以用茉莉花熬粥服用，方法是：糯米 100 克淘洗干净，下锅内加清水适量上火烧开，煮至米粒开花时，加入葡萄干 10 克，茉莉花 10 朵，白糖 100 克，稍煮即可；也可用茉莉和冬瓜制作成汤：在煮冬瓜汤时，加入适量的茉莉。茉莉花可以消除疲劳，舒缓情绪，预防感冒。还可以消暑清热、化湿，健脾止泻，宁心除烦。如经常上火或胃口不佳者，可多食茉莉花。

茉莉银耳汤：银耳 25 克，茉莉花 20 朵。锅内放清汤，放入银耳、料酒、盐、味精、煮沸撒上茉莉花。有生津润肺、益气滋阴，对肺热咳嗽、肺燥干咳、痰中带血、胃肠有热、便秘下血、老年性支气管炎、头晕耳鸣、慢性咽炎、月经不调、肺结核的潮热咯血、冠心病、高血压等均有良好的疗效。对神经衰弱，病后体弱等滋补最好。

2. 外用

茉莉花还可以和菊花共同使用来去除黑眼圈：鸡蛋壳 1 个，茉莉花、菊花各一大勺，甘油 5 毫升，柠檬酸少量，伏特加酒 20 毫升。做法：浸泡鸡蛋壳 1 小时左右，剥下蛋壳内侧的薄皮，自然干燥半日；将薄皮切成细长条，与茉莉花、菊花放人伏特加酒中半日，过滤后放入柠檬酸、矿泉水、甘油。用法：将浸满液体的化妆棉敷于眼部，保持 5 分钟，可每日使用。功能：蛋壳薄膜可以保持肌肤弹性，并有很强的美白肌肤和保湿的功能。菊花则香气纯正，可治疗视疲劳。

四、茉莉花精油的使用

除了作为中药材使用外，茉莉花还可以提取用于制造香料、化妆品等领域。其中，茉莉花精油是一种天然的植物精油，具有淡雅的香气和多种药理作用。茉莉花精油可以通过皮肤吸收、口吸等方式使用，被广泛用于美容、保健等领域。其香气可以缓解人的紧张情绪，提高心理素质，同时具有保湿、抗衰老等作用。

第八节　茉莉花的生态文化产业

在大自然中，茉莉不是最香艳的花朵，却是那最平凡、最真实的存在。当茉莉的芬芳在自然中散播，便为生命注入了一份朴实无华的美好。茉莉花性喜温暖湿润，在通风良好、半阴的环境生长最好。土壤以含有大量腐殖质的微酸性砂质土壤为最适合。茉莉花的大多数品种畏寒、畏旱，不耐霜冻、湿涝和碱土。因此，茉莉花的种植与保护，需要适应当地的气候条件和土壤特性，避免过度开发和污染，保持生态平衡。

一、茉莉的芬芳来自于它的花朵。

茉莉花的花瓣白皙而质朴，它们不像那些娇艳欲滴的花朵那样华丽，但却有着一种清新脱俗的气质。茉莉的花瓣柔软而有弹性，就像是自然中最平凡的花瓣一样，但正是这种平凡却让茉莉的芬芳更加迷人。茉莉的花香也是其最为独特的魅力所在，它并不像那些名贵花香那样浓烈，但却有着一种淡雅的气息，让人在它的芬芳中沉醉。

茉莉的芬芳来自于它生长的环境。茉莉喜欢生长在温暖、湿润的环境中，它们对阳光的需求较大，但却不像其他喜欢光照的花朵那样娇艳，相反它们更像是自然中那些不张扬的植物。茉莉生长的地方往往是那些人们不太关注的角落，但正是这种平凡却让它们在自然中散发出了最为纯净的芬芳。在茉莉生长的地方，往往还有着许多其他的植物，这些植物与茉莉一起共同构成了一个平凡而和谐的自然生态环境。

二、茉莉的芬芳也来自于它的生命力。

茉莉虽然不像那些名贵花卉那样娇艳，但却有着极强的生命力。茉莉的花期较短，但却可以在一年中多次开花，这也让茉莉成为了那些在艰苦环境下生长的植物的代表。茉莉的生命力源自于它们生长的土壤和水分，只有在这些最基本的条件得到满足的情况下，茉莉才能茁壮成长。在大自然中，植物的生命力是非常强大的，这也是生命的魅力所在。

茉莉的芬芳让人们感受到了生命的美好和平淡，让我们对生命的真谛有了更深的感悟。生命的本质就是平淡的，这是一种朴实无华的美好。在大自然中，茉莉的芬芳弥漫在每一个角落，让人们感受到了自然的生命力和美好。每当我们看到茉莉花时，不妨多一些关注和关怀，因为在茉莉花的芬芳中，我们可以找到生命的真谛，感受到自然的美好。

三、茉莉之于自然，是一种朴实无华的美好。

茉莉的芬芳来自于它的花朵、生长环境和生命力，这些因素共同构成了茉莉的独特魅力。在大自然中，茉莉是那些最平凡的存在，但正是这种平凡却让它们在自然中散发出了最为纯净的芬芳。我们在欣赏茉莉花的同时，也应该多一些关注和关怀，因为在茉莉花的芬芳中，我们可以找到生命的真谛，感受到自然的美好。

茉莉花的芬芳，让我们对生命的真谛有了更深的感悟。生命的本质就是平淡的，这是一种朴实无华的美好。在大自然中，茉莉的芬芳弥漫在每一个

总之，茉莉花与自然生态环境有着密切而复杂的关系。在这个关系中，人类既是利用者，也是保护者；既是享受者，也是传承者。只有尊重自然、珍惜资源、保持平衡、发展创新，才能让茉莉花与茶文化系统永续发展，让记忆中的阵阵花香永远不淡。

第九节　其他茉莉花文化产业

习近平总书记在党的二十大报告中强调："加快建设农业强国，扎实推动乡村产业、人才、文化、生态、组织振兴。"这为新时代新征程全面推进乡村振兴、加快农业农村现代化提供了根本遵循。乡村文化振兴是乡村振兴的重要内容和有力支撑。推动乡村振兴，既要塑形，也要铸魂，不断丰富人民精神世界、增强人民精神力量，更好培育文明乡风、良好家风、淳朴民风，提高乡村社会文明程度，焕发乡村文明新气象。

横州市大力推进其他茉莉花文化产业发展。文化产业是集智力、创意、人才等为一体的产业。发展文化产业有助于发挥文化赋能作用，助力乡村振兴。横州充分发挥茉莉花文化和产业特色，赋能乡村人文资源和自然资源的保护利用，促进一二三产业融合发展，激发优秀传统乡村文化活力，培育乡村发展新动能。

一、文创产品

花期是有限的，但一朵花可以开到很多产业。依托茉莉花文化可以打造一系列的文创产品。根据市场调查及目标客群设定，开发各种以花为主的创意商品，游客可以参与加工体验，也可以购买成品，让游客不止在浅层次的观赏上，而是把茉莉花制作成茉莉香包，茉莉铜鼓，茉莉手鞠球等，不断延长延伸茉莉花的产业链。

图 59　茉莉文创产品（图片来源：横州市职业技术学校）

二、新媒体产业

新媒体产业作为文化产业的重要组成部分，是第三产业的重要分支，也是国民经济发展不可分割的有机成分。

横州市大力发展直播等新媒体产业，建设横州电子商务公共服务中心、横州市网红孵化基地等。打造了横州市博物馆、横州中华茉莉花园、政华村茶园、横州长海茶厂等一批横州网红景点打卡。通过直播等新媒体缠脖方式宣传横州茉莉花，宣传横州旅游特色资源，推介横州“好一朵横州茉莉花”品牌，为乡村旅游、民宿旅游经济发展提供“新鲜血液”。在提升横州旅游的知名度和影响力的同时，茉莉花文化也为新媒体产业的发展提供了内容支撑。

三、文化艺术

茉莉花文化丰富多彩，相应的茶文化更是源远流长。横州市通过茉莉花 +

摄影、茉莉花 + 美术等艺术表现形式，打造茉莉花艺术之乡，吸引了大批艺术家、设计师和手工艺者前来，推进茉莉花文化艺术产业的发展。

本章小结

本章主要内容是茉莉花文化产业，介绍了茉莉花文化产业的定义和横州茉莉花文化的发展以及与茉莉花产业相关的饮食产业、旅游产业、美妆产业、康养产业、体育产业以及其他茉莉花文化产业的发展情况。

课后思考题

一、填空题

1. 茉莉花文化产业是指以__________为主题，为社会公众提供文化娱乐产品和服务的活动，以及与这些活动有关联的活动的集合。

2. 近年来，横州市逐步构建茉莉花 + 花茶、盆栽、食品等“1+_________”产业集群。

3. 茉莉鲜花加工后的产品比较单一，主要为______________。

4. ________来自于纯天然的小花茉莉所含的天然蜡质成分，可用于替代高档唇膏以及高档护肤品中的蜂蜡成分

5. 横州__________已成为中国南方的茶叶集散地，形成了较大的规模和品牌效应。

二、选择题

1. 横州市按照 4A 级旅游景区打造的茉莉花主题景区是（　）。

A. 九龙瀑布群国家森林公园　B. 中华茉莉园　C. 莲塘圣茶谷景区

2. 茉莉花（　　）是由茉莉花中萃取出来的，可以用作化妆水，也可以作为淡香水，也可以用作夏季清爽补水露 .

A. 纯露　　B. 精油　　C. 精华

3. 茉莉花的（　）有麻醉、止痛功效。

A. 花　　B. 叶　　C. 根

4. 被称为“精油之王”的是（　　）。

A. 玫瑰精油　　B. 茉莉精油　　C. 薰衣草精油

5. 横州市结合当地特色优势茉莉花产业，积极推进体育产业的发展。主要措施不包括（　　）。

A. 组织茉莉花主题体育赛事

B. 建设茉莉花主题生态体育运动场地

C. 开展茉莉花主题工业游

第五章　世界茉莉花文化

第一节　世界茉莉花文化概说

茉莉花是一种广泛分布在亚洲、非洲和欧洲的植物，它的花朵小巧而美丽，散发着浓郁而持久的香气。茉莉花不仅是一种观赏和香料用途的花卉，也是一种富有文化内涵和象征意义的花卉。在不同的国家和地区，茉莉花有着不同的寓意和传说，反映了人们对于生活、爱情、友谊和信仰的态度和情感。

一、东盟

东南亚国家联盟（英文：Association of Southeast Asian Nations，缩写：ASEAN，简称：东盟），于1967年8月8日在泰国曼谷成立，秘书处设在印度尼西亚首都雅加达。截至2023年，东盟有10个成员国：文莱、柬埔寨、印度尼西亚、老挝、马来西亚、菲律宾、新加坡、泰国、缅甸、越南。联盟成员国总面积约449万平方千米，人口6.62亿。

东南亚国家联盟先后与中国、韩国、日本等六个国家建立了自由贸易区，中国、日本、韩国、印度、俄罗斯、澳大利亚、新西兰、美国等国先后加入了《东南亚友好合作条约》，建立了围绕东盟的“10+1”“10+3”“10+8”机制。此外，东盟分别与联合国、欧盟、海湾阿拉伯国家合作委员会、南方共同市场等积极发展合作关系。

根据《东盟宪章》，东盟组织机构主要包括：（一）东盟峰会：就东盟发展的重大问题和发展方向做出决策，一般每年举行两次会议。（二）东盟协调理事会：由东盟各国外长组成，是综合协调机构，每年至少举行两次会议。（三）东盟共同体理事会：包括东盟政治安全共同体理事会、东盟经济共同体理事会和东盟社会文化共同体理事会，协调其下设各领域工作，由东盟轮值主席国相关部长担任主席，每年至少举行两次会议。（四）东盟领域部长会议：由成员国相关领域主管部长出席，向所属共同体理事会汇报工作，致力于加强各相关领域合作，支持东盟一体化和共同体建设。（五）东盟秘书长和东盟秘书处：负责协助落实东盟的协议和决定，并进行监督。（六）东盟常驻代表委员会：由东盟成员国指派的大使级常驻东盟代表组成，代表各自国家协助东盟秘书处、东盟协调理事会等机构开展工作。（七）东盟国家秘书处：东盟在各成员国的联络点和信息汇总中心，设在各成员国外交部。（八）东盟政府间人权委员会：负责促进和保护人权与基本自由的相关事务。（九）东盟附属机构：包括各种民间和半官方机构。

东盟峰会是东盟最高决策机构，由各成员国国家元首或政府首脑组成，东盟各国轮流担任主席国。东盟秘书长是东盟首席行政官，向东盟峰会负责，由东盟各国轮流推荐资深人士担任，任期 5 年。现任东盟秘书长高金洪（Kao Kim Hourn，1966 年—）又译为“高金华”，柬埔寨政治家，曾任柬埔寨前首相助理大臣，为东盟第 15 任秘书长。

二、中国 - 东盟博览会

（一）概述

中国—东盟博览会（以下简称东博会）是中国和东盟 10 国政府经贸主管部门及东盟秘书处共同主办、广西承办的国际经贸盛会，迄今已成功举办 19 届，推动并见证了中国—东盟战略伙伴关系内涵的不断丰富、经贸合作水平的迅速提升、人文民间交往的日益密切，为服务“一带一路”建设发挥了重要作用。

2017 年 4 月，习近平总书记在广西考察时高度评价东博会“成为广西亮丽的名片，也成为中国—东盟重要的开放平台”。2014 年 2 月，国家将东博会确定为“具有特殊国际影响力”、“国家层面举办的重点涉外论坛和展会”，成为三个国家一类展会之一。

1. 东博会是汇聚共识、对接发展战略的高端平台。

中国和东盟国家领导人、部长级贵宾出席每届东博会。展会紧扣双方战略伙伴关系发展进程，聚焦合作热点，安排领导人开幕大会演讲、领导人会见、部长级磋商、主题国活动、政商对话等高层友好交流活动，还通过“魅力之城”、经贸合作、人文交流等丰富多彩的活动，促进了政策沟通，增强了战略互信，服务了中国—东盟命运共同体建设。

2. 东博会是服务中国—东盟自由贸易区建设、落实贸易投资便利化的有效平台。

东博会围绕中国—东盟自贸区建设进程以及中国和东盟国家的经济发展水平、资源禀赋、产业结构、行业特点设置展览内容，高度集中各国的企业、商品、项目、资金等方面的信息，将中国—东盟自由贸易区的投资贸易便利化从政府层面推进到企业层面，让企业直接享受降税、通关便利化等各种便利化措施，并在国际产能合作、跨境园区建设、跨境金融创新、跨境电子商务等方面不断获得商机，达成了中马“两国双园”等一大批重大项目，务实推动了中国—东盟自由贸易区建设。

3. 东博会是推动多领域合作、深化全方位深度交流的重要牵引。

东博会根据“一带一路”建设需要举办一系列会议论坛，涵盖海关、检验检疫、金融、港口、物流、文化、科技、教育等 40 多个领域，实现了部长级磋商以及政府官员、企业家、专家学者、社会各界知名人士之间的对话沟通，建立起多领域合作机制，带动了中国—东盟信息港、中国—东盟港口城市合作网络、中国—东盟技术转移中心、中国—东盟企业家联合会、中国—东盟青年联谊会、中国—东盟教育培训中心等重大项目落地，成为了中国—东盟多领域合作的权威性较强、认可度较高的“南宁渠道”。

4. 东博会是中国和东盟与区域外经济体加强合作、融入全球价值链的重要纽带。

东博会立足于中国—东盟合作、面向全球开放。从 2014 年起，东博会设立了特邀合作伙伴机制，每年邀请区域外国家担任特邀合作伙伴，分别举办专项经贸交流活动，东博会从服务“10+1”向服务“一带一路”沿线拓展。东博会加强与世界贸易组织合作，世界贸易组织、联合国国际贸易中心已成为东博会支持单位。世界贸易组织、世界银行、联合国贸发会议、联合工发组织等国际组织负责人出席了历届东博会。东博会吸引越来越多的区域外企业参展参会，推动中国和东盟作为一个整体参与国际经济合作，提高了在世界的影响力。

（二）发展历程

2002 年 11 月，在柬埔寨金边召开的第六次中国—东盟“10+1”领导人会议上，中国与东盟领导人签署了《中国 - 东盟全面经济合作框架协议》，共同启动了中国—东盟自由贸易区的建设进程。

2003年10月8日，中国国务院总理温家宝在第七次中国与东盟（10+1）领导人会议上倡议，从2004年起每年在中国南宁举办中国—东盟博览会，同期举办中国—东盟商务与投资峰会。这一倡议得到了东盟10国领导人的普遍欢迎。根据《中国－东盟全面经济合作框架协议》，2004年1月1日，中国—东盟自由贸易区的先期成果“早期收获计划”开始实施。

2004年11月，中国和东盟签署了《货物贸易协议》和《争端解决机制协议》，标志着中国—东盟自贸区建设进入了全面启动的实施阶段。

2005年7月，《货物贸易协议》实施，中国与东盟对7000种商品互相开始降税。自2007年起，又进行了第二阶段降税。中国降低了5375种产品的关税，对东盟的平均关税由8.1%下降为5.8%。东盟各国对中国的平均关税也有不同程度的降低。到2010年，中国和东盟老成员国的绝大多数产品关税将降为零，自由贸易区正式建成。中国与东盟四个新成员国（柬埔寨、老挝、缅甸、越南）则在2015年将双方绝大多数产品的关税降为零。

2007年7月，自贸区《服务贸易协议》实施，标志着中国—东盟自贸区的建设向前迈出了关键的一步，为如期全面建成自贸区奠定了更为坚实的基础。中国和东盟正在进行自由贸易区投资谈判，有望取得新进展。

2010年中国—东盟自由贸易区建成后，将拥有19亿人口、接近6万亿美元GDP、4.5万亿美元贸易总额。中国—东盟自由贸易区是发展中国家组成的最大的自由贸易区。中国—东盟自由贸易区建设启动以来，中国与东盟的双边贸易额增长迅速。2004年，中国—东盟贸易额达到1059亿美元，提前一年实现了突破1000亿美元的目标。2005年、2006年双边贸易额每年净增近300亿美元。2007年达到2025.5亿美元，比上年增长25.9%，提前三年实现了突破2000亿美元的目标。2008年，双边贸易额达2311.2亿美元，同比增长13.9%。中国—东盟博览会以中国—东盟自贸区为依托。自贸区建设的成果为博览会持续发展提供了内在的市场动力。同时，博览会为企业分享自贸区建设成果，进一步开拓市场，提供了难得的好平台。

2022年9月19日至21日，2022中国—东盟博览会旅游展（简称“旅游展”）将在桂林国际会展中心举办。本届旅游展由文化和旅游部、广西壮族自治区人民政府共同主办。“中国—东盟应对气候变化与生态环境对话和2022年中国—东盟环境合作论坛”以线上线下相结合的方式在南宁举办。

2023年4月4日，中国—东盟博览会秘书处介绍，为推动疫后区域经济复苏，中国—东盟博览会重启境外巡展，首站于4月4日—5日亮相新加坡。

（三）定位

以促进中国—东盟自由贸易区建设，共享合作与发展机遇为宗旨，围绕《中国与东盟全面经济合作框架协议》以双向互利为原则，以自由贸易区内的经贸合作为重点，面向全球开放，为各国商家共同发展提供新的机遇。

（四）内容

商品贸易、投资合作、服务贸易、高层论坛、文化交流。

（五）特色

1. 进口与出口相结合，以进口为特色，强调对东盟市场开放，做东盟商品进入中国的桥梁。

2. 投资与引资相结合，以中国企业“走出去”为特色，做中国企业投资东盟的平台。

3. 商品贸易与服务贸易相结合，以旅游服务和中小企业技术创新成果转让为切入点，培育中国与东盟经贸合作的新增长点。

4. 展会结合，相得益彰。中国—东盟商务与投资峰会和博览会同期举办，二者有机结合，相互促进。“两会”期间，既有实实在在的经贸活动，又有政府、企业、专家学者的相互对话与交流。

5. 经贸盛会与外交舞台。博览会既是一次经贸盛会，又是一次多边国际活动，增进了了解，充分体现了中国与东盟睦邻友好、建立面向和平与繁荣的战略合作伙伴关系的宗旨和意图，务实地推动了中国与东盟国家区域经济合作的深入发展。

6. 经贸活动与文化交流相结合。博览会期间同时举办“风情东南亚”晚会、“南宁国际民歌艺术节”开幕晚会、“中华情”晚会、高尔夫名人赛、“网球之友”名人赛、时装节、美食节等，五彩纷呈的文化体育活动穿插其间。

（六）南宁国际会展中心

南宁国际会展中心（以下简称“会展中心”）位于南宁市青秀区，占地约615亩，建筑面积约64万平方米，是南宁的标志性建筑，自2004年起，成为中国—东盟博览会的永久会址。

目前，会展中心由 A 区（东翼）办证大厅、商业中心，B 区（东翼）金桂花厅、新闻中心、展厅，C 区（侧翼）行政综合楼，D 区（前翼）展厅、会议中心，E 区（中翼）展厅，F 区（尾翼）会展大厦、南宁会展豪生大酒店，G 区（尾翼）南宁方圆荟会展购物中心及会展广场 8 部分组成。有两个大型多功能厅（即金桂花厅、朱槿花厅），有 18 个不同规格的展厅（最大展厅 15810 平方米，最小展厅 2160 平方米）及 18 个不同规格的会议厅（室）和新闻中心。室内展览面积 9.2 万平方米，可搭建 5529 个国际标准展位。此外，地下停车场停车位 3555 个，地面停车位 272 个。

会展中心北衔城市主干道民族大道，东接东盟商务区、紧邻石门森林公园，西临城市快速环路并与大型城市亲水公园—民歌湖相眺，背靠青秀山风景区。驾车前往南宁东站（高铁站）15 分钟、机场 40 分钟。周边共有 30 多条公交线路经停，地铁 1 号线在会展中心设有同名站点，经商业中心可从馆内直达地铁站。

（七）第二十届中国 - 东盟博览会成功举办

金秋九月，邕江之滨，绿城南宁喜迎八方宾客。2023 年 9 月 16 日至 19 日，第二十届中国—东盟博览会和中国—东盟商务与投资峰会在这里举办。本届东博会主题是“和合共生建家园，命运与共向未来——推动‘一带一路’高质量发展和打造经济增长中心”。中国和东盟各国高规格代表团共襄盛会，签订投资合作项目 470 个，总投资额达人民币 4873 亿元，项目数量、投资总额均创历届新高。

今年是习近平主席提出建设更为紧密的中国—东盟命运共同体和共建"一带一路"倡议10周年，也是东博会和投资峰会创办20周年。依托东博会和投资峰会平台，中国与东盟不断增进互信、增加共识，全方位合作走深走实，高水平开放向宽向远，谱写区域经济一体化、共建"一带一路"美丽篇章。

走进设计感十足的马来西亚国家馆，几个硕大、黄澄澄的菠萝蜜颇为吸引人。"这是第一次来到东博会的马来西亚菠萝蜜！"工作人员热情介绍，这些新鲜的菠萝蜜在东博会开幕前一周，在南宁经严格检疫后顺利通关，标志着东盟国家又一水果品种实现输华。

在本届东博会上首次亮相的还有菲律宾的榴莲。据统计，东博会和投资峰会举办20年间，已有来自越南、泰国、菲律宾、柬埔寨等9个东盟国家的74种水果获准进入中国市场。借助东博会这一平台，越来越多东盟国家特色产品进入中国寻常百姓家，红枣、酥梨等中国温带水果也日益受到东盟民众的青睐。数据显示，中国与东盟双边贸易额从2004年的1000多亿美元增长至2022年的9753.4亿美元，双方已连续3年互为最大贸易伙伴，累计双向投资总额超过了3800亿美元。

本届东博会展览总面积达10.2万平方米，参展中外企业近2000家，其中境外展览面积占30%以上。印度尼西亚燕窝、越南咖啡、缅甸玉石……展区里人头攒动，参展商们期待借此打开更大市场，收获更多合作机遇。马来西亚商人黄国隆已参加过八届东博会，借助这一平台，他的榴莲口味咖啡进入了中国和其他东盟国家市场。"东博会搭建了高效务实的合作平台，我们希望借此推广更多新产品。"黄国隆高兴地说。

东博会和投资峰会期间，东盟各国还线下举办了国家推介会和专业推介会，如泰国投资机遇推介会、柬埔寨商业投资及旅游推介论坛、新加坡之夜等，为双多边务实合作搭建平台、拓宽渠道。70多场经贸活动、19场高层论坛，为各国分享产业政策和发展情况、引导企业深化务实合作提供了丰富渠道。

本届东博会还设置了"广西国际友城进东博"展区，展出了近20个国家30多个友好城市的特色商品和优势产业。此外，东帝汶受邀作为东盟观察员国参展，带来的东帝汶传统手工织布、银饰、椰子油等产品吸引了不少观众。东博会秘书处秘书长韦朝晖表示，东博会坚持推进高水平对外开放，坚持共同发展、共享机遇，推动中国和东盟实现合作共赢。

本届东博会设置了智能装备、数字技术、先进技术、绿色建材与智能家居展区等，集中展示中国同东盟在科技和绿色产业领域合作的新亮点。

“悟空号”无人潜水器、外骨骼机器人、随时随地可移动的“太空舱”住宅……本届东博会先进技术展区的高科技产品令人目不暇接。据了解，该展区参展单位超过 120 家，其中高新技术企业占比超 50%，集中展示了航空航天、可持续发展、智慧农业等领域先进技术，为各国客商了解中国科技发展、寻求技术合作搭建平台。泰国参展商巴颂对海南省展区的果园植保机器人颇感兴趣：“它能除草、喷药，还能进行数据采集和测绘，极大减轻了劳动强度。”

近年来，中国与东盟国家开展高新技术合作成果丰硕，为地区经济发展不断创造新增长点。截至目前，中国与 9 个东盟国家分别建立了政府间双边技术转移工作机制，技术转移协作网络覆盖东盟 10 国，成员数超过 2800 家。目前，中国—东盟科技创新提升计划稳步推进，以科技创新合作增加区域发展新动能，促进地区可持续发展。

本届东博会还首次设立数字技术展区，展示数字生活、智慧城市、信息技术、照明科技等数字经济发展最新成果。中国—东盟信息港股份有限公司展出了其与老挝合作伙伴为老挝政府打造的公务员协同办公平台、跨境贸易综合服务平台“中国—东盟商贸通”等数字产品。据介绍，该公司已在 9 个东盟国家开展近 20 项数字经济合作业务。

绿色低碳技术和应用在本届东博会上备受瞩目。从家庭储能设备到光伏储充一体化绿色新产品，中国与东盟加快布局绿色产业。本届东博会集中签约项目中，海上风电、光伏储能、风光储氢等绿色低碳项目数量和投资总额占比近四成，体现出中国同东盟共同推进绿色经济转型和可持续发展的坚定决心。

尼泊尔羊绒、伊朗瓷器、俄罗斯巧克力……本届东博会上，“一带一路”国际展区格外热闹。本届东博会对“一带一路”国际展区进行了全面升级，展区规模和参展机构数量均超过上届，巴基斯坦、波兰、匈牙利等 30 多个共建“一带一路”国家的企业参展。

近年来，立足中国与东盟合作，着眼同世界各国分享合作机遇，东博会面向其他共建“一带一路”国家乃至全球开放。2017 年，东博会首次设立“一带一路”国际展区。

中国企业承建的文莱淡布隆跨海大桥、柬埔寨首条高速公路金港高速、印尼第一条高铁雅万高铁、老挝南欧江六级水电站……在“一带一路”国际展区，观众可以通过丰富的图文资料了解中国同东盟国家共建“一带一路”的丰硕成果，感受共建“一带一路”的澎湃活力。本届东博会和投资峰会还举办了“一带一路”海关食品安全合作研讨会、物流合作论坛等活动，深入推动“一带一路”交流合作。

此外，本届东博会还举办了第三届《区域全面经济伙伴关系协定》（RCEP）经贸合作工商高峰论坛、首届“制度型开放：区域经济发展新格局”主题边会，帮助区域企业更好把握经贸新规则，分享 RCEP 高质量实施带来的红利。

栉风沐雨，春华秋实。以第二十届东博会和投资峰会成功举办为新起点，中国与东盟将继续发扬守望相助、休戚与共的命运共同体精神，持续深化全面战略伙伴关系，继续在构建更为紧密的中国—东盟命运共同体的大道上阔步前行。

三、第五届世界茉莉花大会

2023 年 9 月 19 日，由中国茶叶流通协会、广西壮族自治区农业农村厅、中国—东盟博览会秘书处、南宁市人民政府主办的第五届世界茉莉花大会暨第十三届全国茉莉花（茶）交易博览会在广西南宁开幕。来自缅甸、斯里兰卡、柬埔寨、尼泊尔等多个国家和地区的 350 多名领导嘉宾、专家学者、知名企业家齐聚一堂，共商合作、共谋发展。

“横州，是我国乃至全球规模最大、最具影响力的茉莉花产区和茉莉花茶加工、销售的集聚核心。目前，横州茉莉花产业已形成较为成熟的规模化、集约化、产业体系，茉莉花茶产业也随之提质增效、深化发展。”中国茶叶流通协会会长、全国茶叶标准化技术委员会主任委员王庆在致辞中表示，世界茉莉花大会已成为全球茉莉花及花茶产业乃至花草茶领域最具影响力和号召力的品牌盛会，大会发挥了茉莉花及茶的品牌资源优势，持续发挥“全国茉莉花茶交易会”的长效拉动作用，搭建产销对接交流平台，共同推动我国茉莉花茶产业品质提升与优质品牌的推广。

会上，横州市委书记黄海韬介绍，2023 年，横州茉莉花种植面积达 13 万亩、较 2019 年增长 1.7 万亩，鲜花产量达 10.3 万吨、较 2019 年增长 1.3 万吨，每斤鲜花均价达 15 元、较 2019 年增长 5 元，33 万花农实现产量、收入“双增长”，横州茉莉花产业带农振兴案例入选第三届全球减贫优秀案例，横州市“数字茉莉”大数据平台作为优秀典型案例入选国家七部委联合印发的《数字乡村建设指南 1.0》。横州茉莉花茶成功入选中国首批 100 个受欧盟保护地理标志名录，横州市正逐步成为全国知名茉莉花企业融入国内国际双循环的市场经营便利地。

世界茉莉花大会作为第二十届中国—东盟博览会框架下的重要活动之一，是世界茉莉花及茶业界参与“共享陆海新通道新机遇，共建中国—东盟命运共同体”的一次国际性盛会。茉莉花已成为促进中国与东盟及“一带一路”沿线国家和地区经贸文化交流的桥梁纽带。自治区农业农村厅党组副书记、副厅长许瑾表示，下一步，自治区农业农村厅将继续在资金、园区、项目、人才、科研、品牌等方面加大助力横州市培育打造茉莉花“1 + 9”产业集群，即茉莉花＋花茶、盆栽、食品、旅游、用品、餐饮、药用、体育、康养等产业，加快推进茉莉花产业国家外贸转型升级基地建设，抢抓平陆运河建设机遇，深化与东盟国家、国际知名花卉城市开放合作。

第二节　印度尼西亚茉莉花文化

一、印度尼西亚概况

印度尼西亚共和国（英语：Republic of Indonesia），简称印尼（Indonesia）。是东南亚国家，首都为雅加达。与巴布亚新几内亚、东帝汶和马来西亚等国家相接。印度尼西亚国土面积 1913578.68 平方公里，

由约 17508 个岛屿组成，是全世界最大的群岛国家，疆域横跨亚洲及大洋洲，

也是多火山多地震的国家。面积较大的岛屿有加里曼丹岛、苏门答腊岛、伊里安岛、苏拉威西岛和爪哇岛，全国共有 3 个地方特区和 31 个省。印尼人口 2.76 亿（2022 年 12 月），是世界第四人口大国。有数百个民族，其中爪哇族占人口 45%，巽他族 14%，马都拉族和马来族分别占 7.5%。民族语言共有 200 多种，官方语言为印尼语。约 87% 的人口信奉伊斯兰教，是世界上穆斯林人口最多的国家。

13—14 世纪在爪哇形成强大帝国、16 世纪末沦为荷兰殖民地。1942 年被日本占领。1945 年 8 月 17 日独立后，先后武装抵抗英国、荷兰的入侵，其间曾被迫改为印度尼西亚联邦共和国并加入荷印联邦。1950 年 8 月重新恢复为印度尼西亚共和国，1954 年 8 月脱离荷印联邦。印尼是东南亚国家联盟创立国之一，也是东南亚最大经济体及 20 国集团成员国，航空航天技术较强。石油资源可实现净出口，印尼曾是石油输出国组织成员国（1962—2009 年），近期正在重新加入该组织，2022 年，印尼国内生产总值 17871.9 万亿印尼盾（约合 1.78 万亿美元）、同比增长 5.31%；人均国内生产总值 4783.9 美元。

中国与印尼于 1950 年 4 月 13 日建交，此后 10 多年关系发展顺利。1965 年印尼发生“9 · 30”事件，1967 年 10 月 30 日两国外交关系中断。1990 年 8 月 8 日外交关系恢复。2005 年 4 月建立战略伙伴关系。2013 年 10 月建立全面战略伙伴关系。2021 年 6 月建立高级别对话合作机制。两国领导人交往频繁。习近平主席 2013 年 10 月对印尼进行国事访问，并赴巴厘岛出席亚太经合组织第二十一次领导人非正式会议。2014 年 10 月应约同总统佐科通电话。2015 年 4 月赴印尼出席亚非领导人会议和万隆会议 60 周年纪念活动。2018 年 11 月在出席亚太经合组织第二十六次领导人非正式会议期间同总统佐科举行会晤。2019 年 6 月在二十国集团大阪峰会期间会见总统佐科。2022 年 11 月在二十国集团领导人巴厘岛峰会期间同总统佐科会晤。总统佐科 2014 年 11 月来华出席亚太经合组织第二十二次领导人非正式会议。2015 年 3 月来华进行国事访问并出席博鳌亚洲论坛 2015 年年会。2016 年 9 月来华出席二十国集团杭州峰会。2017 年 5 月来华出席“一带一路”国际合作高峰论坛。2022 年 7 月来华访问。新冠肺炎疫情暴发以来，习近平主席 2020 年 2 月 11 日、4 月 2 日、8 月 31 日，2021 年 4 月 20 日，2022 年 1 月 11 日、2022 年 3 月 16 日六次应约同总统佐科通电话。王毅国务委员兼外长同印尼对华合作牵头人、海洋与投资统筹部长卢胡特六次通电话，2020 年 10 月在云南腾冲举行会谈，2021 年 6 月在贵州贵阳举行中印尼高级别对话合作机制首次会议，10 月举行视频会晤，12 月 5 日在浙江安吉举行会谈，2022 年 5 月举行视频会晤，7 月 26 日在北京会见，11 月 17 日在二十国集团巴厘岛峰会期间会见。王毅国务委员同蕾特诺外长 2020 年 8 月在海南保亭举行会谈，2021 年 4 月在福建南平举行会谈，6 月在重庆出席纪念中国东盟建立对话关系 30 周年特别外长会期间会见，10 月在罗马出席二十国集团领导人峰会期间会见，2022 年 3 月在安徽屯溪举行会谈，7 月在北京会见，9 月在纽约出席第 77 届联大期间会见。2021 年 1 月，王毅国务委员兼外长访问印尼，同卢胡特、蕾特诺分别举行会谈，并拜会总统佐科。2022 年 7 月，王毅国务委员兼外长访问印尼，拜会总统佐科，同卢胡特、蕾特诺分别举行会谈，主持中印尼高级别对话合作机制第二次会议，并在东盟秘书处发表演讲。双方除互设使馆外，中国在印尼泗水、棉兰、登巴萨设有总领馆，印尼在香港、广州、上海设有总领馆。

中国是印尼最大贸易伙伴。2022 年，中印尼双边贸易额 1491 亿美元，同比增长 19.8%。其中中国进口 777.7 亿美元，同比增加 140 亿美元，增长 21.7%；出口 713.2 亿美元，同比增加 106 亿美元，增长 17.8%。2022 年中国对印尼投资总额达 81.9 亿美元。印尼是中国在东盟第二大投资目的地。2022 年，中国对印尼全行业直接投资 21.5 亿美元、同比增长 14.4%。

2018 年 10 月，两国签署共建“一带一路”和“全球海洋支点”谅解备忘录（2022 年 7 月续签）。2016 年 1 月，两国合作建设的雅加达至万隆高速铁路项目举行动工仪式。2022 年 11 月 16 日，习近平主席同佐科总统共同视频观摩雅万高铁试验运行。目前，高铁土建工程基本完成，全线 13 条隧道全部贯通，已启动联调联试。2018 年 5 月，双方签署《关于推进“区域综合经济走廊”建设合作的谅解备忘录》，10 月签署《建立“区域综合经济走廊”合作联委会谅解备忘录》，2019 年 3 月举行联委会首次会议，4 月在第二届“一带一路”国际合作高峰论坛期间签署走廊合作规划文件，2023 年 4 月举行联委会第二次会议。2021 年 1 月，双方签署《关于中国和印尼“两国双园”项目合作备忘录》，3 月举行“两国双园”联合工作委员会第一次会议，7 月共同举办“两国双园”全球招商推介会，2023 年 7 月，双方签署《关于深入推进中印尼“两国双园”建设合作的谅解备忘录》。2022 年 11 月，双方签署《共建“一带一路”倡议与“全球海洋支点”构想对接框架下的合作规划》、扩大和深化双边经济贸易合作的协定。

双方地方政府交流活跃。两国结好省市共 28 对，包括北京市—雅加达特区、上海市—雅加达特区、广东省—北苏门答腊省、福建省—中爪哇省、云南省—巴厘省、上海市—中爪哇省、海南省—巴厘省、河南省—马鲁古省、天津市—东爪哇省、广西省—西爪哇省、重庆市—西爪哇省、四川省—西爪哇省、黑龙江省—西爪哇省、宁夏回族自治区—西努沙登加拉省、成都市—棉兰市、漳州市—巨港市、柳州市—万隆市、广州市—泗水市、厦门市—泗水市、北海市—三宝隆市、汕尾市—日里昔利冷县、防城港市—槟港市、济南市—徐图利祖市、东营—巴里巴班市、东兴市—东勿里洞县、宿州市—巴东市、福州市—三宝垄市、南京市—三宝垄市等。

二、印度尼西亚的茉莉花文化

1990 年 6 月 5 日的世界环境日上，印度尼西亚政府宣布将茉莉花（Jasminum sambac）、美丽蝴蝶兰（Phalaenopsis amabilis ）和大花草（Rafflesia arnoldii）作为国家的象征。1993 年，时任总同苏哈托签署总统令，使之具有法律效力。

印度尼西亚人把茉莉花称为“梅拉提”（Melati），意为“纯白无瑕”。印度尼西亚人认为茉莉花能够代表他们对上帝和先祖的虔诚和敬畏，也能够代表他们对国家和民族的团结和奉献。印度尼西亚人常常用茉莉花作为祈祷、祭祀或庆典的必备元素，也用茉莉花装饰他们的国旗和国徽。

虽然茉莉花国花的地位在 1993 年才得到正式的确立，但自古以来，茉莉花就在印度尼西亚具有十分重要的地位，成为印度尼西亚的象征。

早在 16、17 世纪，荷兰人占领了印度尼西亚，为了支配世界香料贸易，他们在印度尼西亚大量种植茉莉花，与其他香花植物相比，茉莉花花期最长，花香也最幽雅迷人，很快成为印尼人喜爱的花卉。茉莉花逐渐成为印度尼西亚传统文化中非常重要的组成部分。它是生命之花、美丽之花和婚礼之花，还常常与灵魂与死亡有关。在印度尼西亚人的婚礼上，茉莉花扮演着十分重要的角色，尤其是在爪洼岛，新郎和新娘的身上、服饰上都装饰着茉莉花。印度尼西亚的巴厘岛，盛行印度教，茉莉花被用于祭祀。

在印度尼西亚爱国歌曲和诗歌中，为国捐躯的英雄们常被比作凋谢的茉莉。在伊斯梅尔（Ismail）的爱国歌曲《边境上的茉莉花》（Melati di Tapal Batas，1947）和雷（Guruh）所作的《神圣的茉莉花》（Melati Suci，1974），将茉莉花比作牺牲的英雄，将其永恒的花香比喻印度尼西亚民族英雄 Ibu Pertiwi 永垂不朽。

印度尼西亚也生产茉莉花茶，印尼茉莉花茶是一种非常受欢迎的花茶之一，它由新鲜的茉莉花朵与优质的茶叶混合而成。茉莉花茶在印尼有着悠久的历史和传统，不仅在当地非常受欢迎，也逐渐在全球茶叶市场上赢得了良好的声誉。印尼茉莉花茶不仅味道醇香，而且还具有许多健康功效，成为人们日常生活中的一种常饮茶饮。

第三节　菲律宾茉莉花文化

一、菲律宾概况

菲律宾共和国（Republic of the Philippines），简称菲律宾（Philippines），位于亚洲东南部。北隔巴士海峡与中国台湾省遥遥相对，南和西南隔苏拉威西海、巴拉巴克海峡与印度尼西亚、马来西亚相望，西濒南海，东临太平洋。共有大小岛屿 7000 多个，其中吕宋岛、棉兰老岛、萨马岛等 11 个主要岛屿占全国总面积的 96%。海岸线长约 18533 千米，总面积 29.97 万平方千米。属季风型热带雨林气候，高温多雨，湿度大，台风多。年均气温 27℃，年降水量 2000 – 3000 毫米。截至 2022 年 7 月，菲律宾全国划分为吕宋、维萨亚和棉兰老三大部分。全国设有首都地区、科迪勒拉行政区、棉兰老穆斯林自治区等 18 个地区，下设 81 个省和 117 个市，首都为大马尼拉市。2022 年，菲律宾人口约 1.1 亿。

14 世纪前后，菲律宾出现了由土著部落和马来族移民构成的一些割据王国，其中最著名的是 14 世纪 70 年代兴起的苏禄王国。1521 年，麦哲伦率领西班牙远征队到达菲律宾群岛。此后，西班牙逐步侵占菲律宾，并统治长达 300 多年。1898 年 6 月 12 日，菲律宾宣告独立。同年美西战争后，成为美国属地。1942 年到 1945 年被日本侵占。二战结束后，菲律宾再次沦为美国殖民地。1946 年 7 月 4 日，菲律宾获得独立。

2021 年，菲律宾国内生产总值：约 3919 亿美元。人均国内生产总值：约 3595 美元。国内生产总值增长率：5.6%。

菲律宾与中国在 1975 年 6 月 9 日建交。近年，胡锦涛主席（2005 年）、温家宝总理（2007 年）、贾庆林政协主席（2009 年）、李克强总理（2017 年）、习近平主席（2018年）先后访菲。阿罗约总统（任期内9次访华）、阿基诺三世总统（2011年）、杜特尔特总统（2016年、2017年）先后访华。2016年以来，双边重要互访和会见主要有：2016年10月，菲律宾总统杜特尔特对华进行国事访问。11月，习近平主席在秘鲁亚太经合组织领导人第25次非正式会议期间同杜特尔特举行双边会见。2017年3月，国务院副总理汪洋访问菲律宾。5月，菲律宾总统杜特尔特来华出席“一带一路”国际合作高峰论坛。11月，习近平主席在越南亚太经合组织领导人第26次非正式会议期间同菲律宾总统杜特尔特举行双边会见。同月，李克强总理赴菲律宾出席东亚合作领导人系列会议并对菲律宾进行正式访问。2018年4月，菲律宾总统杜特尔特来华出席博鳌亚洲论坛2018年年会。其间，习近平主席同其举行双边会见。9月，全国人大常委会副委员长吉炳轩访问菲律宾。10月，国务委员兼外交部部长王毅访问菲律宾。2018年11月20日至21日，中华人民共和国主席习近平对菲律宾进行国事访问。并在马尼拉发表了《中华人民共和国与菲律宾共和国联合声明》。

2022年，中国和菲律宾双边贸易额877.2亿美元。其中中国出口额646.7亿美元，进口额230.4亿美元。2022年，中国对菲全行业投资1.2亿美元。2021年中国对菲非金融类直接投资1.45亿美元。中国是菲律宾第一大贸易伙伴、第一大进口来源地、第三大出口市场。

中菲在教育、科技、文化、军事等领域签有合作协定或备忘录。2023年1月，中国将菲律宾列入首批恢复中国公民出境团队旅游试点国家名单。新华社在马尼拉设有分社，中央广播电视总台国际频道在菲落地。中菲结有38对友好省市，分别为杭州市和碧瑶市、广州市和马尼拉市、上海市和大马尼拉市、厦门市和宿务市、沈阳市和奎松市、抚顺市和利巴市、海南省和宿务省、三亚市和拉普拉市、石狮市和那牙市、山东省和北伊洛戈省、淄博市和万那威市、安徽省和新怡诗夏省、湖北省和莱特省、柳州市和穆汀鲁帕市、贺州市和圣费尔南多市、哈尔滨市和卡加延–德奥罗市、来宾市和拉瓦格市、北京市和马尼拉市、江西省和保和省、南宁市和达沃市、兰州市和阿尔贝省、北海市和普林塞萨港市、福建省和宿务省、无锡市和普林塞萨港市、广西壮族自治区和宿务省、河南省和达拉省、黄冈市和依木斯市、宁夏回族自治区和巴拉望省、贵港市和三宝颜市、福州市和马尼拉市、海南省和巴拉望省、晋江市和达沃市、湖北省与南伊罗戈省、陕西省与八打雁省、广东省与宿务省、泉州市与怡朗市、衡阳市与黎牙实比市、南安市与曼达韦市。

二、菲律宾的茉莉花文化

茉莉花（Jasminum sambac）是菲律宾的国花。茉莉花因其花朵洁白、芳香，抗逆性强，在菲律宾人民心中象征纯洁、朴素、谦逊、顽强、希望和对生活的热爱，于 1934 年被确定为菲律宾的国花。

茉莉花在菲律宾被称为“桑巴吉塔（西班牙语 Sampaguita，菲律宾他加洛语 Sumpa Kuita）”，英文名 Arabian jasmine，是木犀科素馨属常绿小灌木或藤本状灌木。其英文名中包含有“Arabian”（阿拉伯的）一次，但并非原产阿拉伯地区。有人认为，菲律宾人所指的“桑巴吉塔”，很可能是茉莉花的“Maid of Orleans”（奥尔良少女）品种。

图 60　奥尔良少女茉莉

茉莉花从印度引入菲律宾后，数百年间在当地广泛栽培，不论是在花园、私人庭院还是山野都有茉莉花的足迹。

茉莉花在菲律宾还有一段美丽的传说，菲律宾在独立之前，由美国管理，再早则臣服于西班牙人。在西班牙人的统治期间，曾有一些爱国志士不甘国土被侵犯而同西班牙人英勇反抗，其中有一位叫做拉刚家林的热血志士毅然参加爱国行动，在和女友李婉婉告别时说：“亲爱的，如果我不幸血流大地，希望你不要难过，也不要忘记我，请时时为我祈祷！”“我会的！我发誓一生一世深爱着你！”李婉婉坚决表明了自己的心意。不幸的是，西班牙人船坚炮利，很快就粉碎了菲律宾爱国志士的救国梦，拉刚家林也为国捐躯了，李婉婉悲痛不已，每天以泪洗面，身体因此一天不如一天，最后终于香消玉损。她的朋友把她安葬后，在她的坟墓上竟然长出一朵从没坚果，清香动人的白色花朵，那就是茉莉花。由此可见，茉莉花在菲律宾人民心中象征坚贞不渝的爱情和爱国主义精神。

据说，古代菲律宾男子在向心爱的姑娘求婚时，一般都赠送茉莉花花环。如果姑娘将花环挂在脖子上，就意味着接受了他的爱。然后，他们在月光下用他加禄语誓约“桑巴吉塔”意思是：我承诺永远爱你。因此，茉莉花在菲律宾又被称之为“誓爱花”。日常生活中，菲律宾人们喜欢带茉莉花花环、手串，街头经常有销售茉莉花串的小贩。菲律宾一些婚礼上也常使用茉莉花。美好的寓意使茉莉花在菲律宾社会文化生活中的地位不断提高，逐渐称为最受菲律宾人民喜爱的花。

1934 年，美国驻菲律宾总督墨菲指定茉莉花为菲律宾之花，意即宣布茉莉花为菲律宾国花。菲律宾独立自治后，仍将象征纯爱和无私的茉莉花视为国花。菲律宾参议院的印章，也使用了茉莉花环的图案，象征荣誉和美德。每到茉莉花盛开的五月，菲律宾都要举行一次“桑巴吉塔”花节庆祝活动。姑娘们都佩带上茉莉花环，唱起赞歌，互相祝愿。在国际交往中，菲律宾人也常把茉莉花环献给外国贵宾，以表示纯真的友谊。

第四节　泰国茉莉花文化

一、泰国概况

泰王国（The Kingdom of Thailand），简称泰国，首都曼谷，位于中南半岛中南部，东南临太平洋泰国湾，西南临印度洋安达曼海。西部及西北部与缅甸交界，东北部与老挝毗邻，东连柬埔寨，南接马来西亚。属热带季风气候，地势北高南低。总面积 513000 平方千米，海岸线 2705 千米，全国分为五个地区，共有 77 个府。泰国总人口为 6790 万人，

全国共有 30 多个民族，泰族为主要民族，其余为老挝族、华族、马来族等。90% 以上的民众信仰佛教，泰语为国语。

公元 1238 年，泰国形成较为统一的国家，先后经历素可泰王朝、大城王朝、吞武里王朝和曼谷王朝，原名暹罗。16 世纪，葡萄牙、荷兰、英国、法国等殖民主义者先后入侵。1896 年，英法签订条约，规定暹罗为英属缅甸和法属印度

支那间的缓冲国，暹罗成为东南亚唯一没有沦为殖民地的国家。19 世纪末，拉玛四世王开始实行对外开放，拉玛五世王借鉴西方经验进行社会改革。1932 年 6 月，民党发动政变，改君主专制为君主立宪制。1949 年，正式定名泰国。

泰国是新兴工业国家和市场经济体之一，实行自由经济政策，属外向型经济。是东盟成员国和创始国，位于东盟中心位置，社会总体较为稳定，政策透明度和贸易自由化程度较高，营商环境开放包容，是东盟第二大经济体，对周边国家具有较强辐射能力，经济增长前景良好，市场潜力较大。1996 年，被列为中等收入国家。2022 年国内生产总值为 4952 亿美元，国内生产总值增长率：2.6%。

1975 年 7 月 1 日，中国与泰国建立外交关系。两国关系保持健康稳定发展。2001 年 8 月，两国政府发表《联合公报》，就推进中泰战略性合作达成共识。2012 年 4 月，两国建立全面战略合作伙伴关系。2013 年 10 月，两国政府发表《中泰关系发展远景规划》。2017 年 9 月，两国签署《中华人民共和国政府和泰王国政府关于共同推进“一带一路”建设谅解备忘录》。2019 年 11 月，两国发表《中华人民共和国政府和泰王国政府联合新闻声明》。2022 年，两国发表《中华人民共和国和泰王国关于构建更为稳定、更加繁荣、更可持续命运共同体的联合声明》。

中泰两国互设大使馆，中国在泰清迈、宋卡、孔敬设有总领馆，在普吉设有领事办公室。香港在曼谷设有驻泰经贸办事处。泰在广州、昆明、上海、香港、成都、厦门、西安、南宁、青岛设有总领馆。

两国在科技、教育、文化、卫生、司法、军事等领域的交流与合作稳步发展。双方签署了《科技合作协定》（1978 年）、《旅游合作协定》（1993 年）、《引渡条约》（1993 年）、《民商事司法协助和仲裁合作协定》（1994 年）、《文化合作协定》（2001 年）、《刑事司法协助条约》（2003 年）、《关于相互承认高等教育学历和学位的协定》（2007 年）、《教育合作协议》（2009 年）等。2001 年，两国国防部建立年度防务安全磋商机制。

2003 年 10 月，中方向泰方提供一对大熊猫“创创”和“林惠”，进行为期 10 年的学术研究和交流。2009 年 5 月，大熊猫生下一只幼仔“林冰”。2013 年 9 月，泰方按合作协议将“林冰”运送回中国。2015 年 6 月，双方签署关于大熊猫“创创”和“林惠”合作延期协议。2019 年 9 月，雄性大熊猫“创创”因慢性心力衰竭急性发作死亡。2023 年 4 月，“林惠”突发昏迷，经抢救无效离世。

双方成立了泰中友好协会（1976 年）、中泰友好协会（1987 年）。两国已缔结 41 组友好城市和省府。

二、泰国茉莉花文化

在泰国，茉莉花是王室和佛教的象征。泰国人用茉莉花制作成各种形状的手工艺品，如花篮、花环、佛像等，用来祈福、祭祀或赠送亲友。泰国人还用茉莉花制作香水、香皂、沐浴露等日用品，享受其清新怡人的气息。

在泰国人看来，茉莉花持续的清雅香味，就像母爱一样，内敛却温暖，不会过于沉重却绵长久远。1976 年，泰国把皇后诗丽吉的生日 8 月 12 日定为母亲节。每到这一天，各机关学校全体放假，街头巷尾都可以见到皇后的照片，举办庆祝活动。教育年轻人不要忘记母亲的“养育之恩”，并将清香洁白的茉莉花作为“母亲之花”，儿女们双手敬给母亲以表达感激与爱意之情。

第六章　茉莉花文化传承与创新

第一节　文化传承现状与问题

一、茉莉花文化传承现状

近年来，各地积极推进茉莉花文化的传承和创新，取得了积极成效。

（一）广西横州茉莉花文化传承

横州地理位置条件优越，其作为广西首府南宁市的下辖县，处南宁东处，而南宁是“一带一路”、北部湾城市群、乡村振兴战略、中国—东盟开放合作等国家战略政策的受益地。2013 年，习主席提出建设“一带一路”的合作倡议，其中“21 世纪海上丝绸之路与丝绸之路经济带有机衔接的重要门户”定位广西，横州茉莉花产业与文化依托“一带一路”平台结合横州特色走出中国、走向世界大门。2017 年，国务院批复同意建设北部湾城市群，《北部湾城市群发展规划》指出，北部湾城市群将强化南宁核心辐射带动，打造“一湾双轴、一核两极”的城市群框架。2018 年，国家要求大力实施乡村振兴战略。横州政府作为茉莉花农业文化传承和保护主体，借助政策利好之风，占据地利，从构建科学营销渠道、加快区域经济与国际市场对接、带动其他相关企业、新型经营主体等主动参与国际分工与合作，逐步实现茉莉花产业国际化的同时，也对茉莉花文化进行保护传承。

横州茉莉花茶企业长期以来多以花茶代加工业务为主。每逢花季，全国各地的茶商茶企纷纷到横州加工茉莉花茶，并引进了包括北京张一元、浙江华茗园、台湾隆泰等实力雄厚的龙头企业，成为横州茉莉花茶产业发展的领头羊。正因为这些拥有领先技术的企业落户横州，才得以让本土花茶企业吸收国内外花茶行业的技术精髓以及对市场有更深入的了解。更开发出茉莉精油、茉莉护肤霜、茉莉面膜、茉莉花盆栽、茉莉香米、茉莉糕点美食等产品，让横州茉莉花茶产业在生产、加工、制作、茶文化水平实现整体提升。

横州茉莉花产业得到政府的强有力扶持，主要体现在四个方面。一是引导管理方面：政府积极发挥引导作用，上世纪九十年代横州政府先后设立横州茉莉花产业管理办公室、茉莉花产业管理局，并制订了一系列茉莉花及茉莉花茶产业发展方案，完善茉莉花产业管理机制，推动了茉莉花相关产业的发展；二是规范生产方面：横州政府牵头、联合茉莉花企业建立了茉莉花标准化生产基地、中华茉莉园等茉莉花生产示范区，推动开展茉莉花标准化生产、茉莉花老龄化低产改造及病虫害综合防治等工作，使茉莉花产业保持可持续优良发展。三是招商引资方面：搭建茉莉花茶标准化加工基地，引进北京张一元茶叶有限责任公司、台湾隆泰食品茶业有限公司等知名茶企业，为当地茉莉花产业注入新的活力。四是商品销售方面：紧跟时代步伐，在现有的全国四大茶叶市场之一的西南茶城及中国茉莉花茶交易中心市场的基础上，建设横州茉莉花茶电子商务中心、横州电商产业园等单位，线下线上一起干，努力扩展销售渠道。目前，横州所有花茶品牌企业已全部进驻横州电子商务产业园电子商务销售中心，多家花茶品牌企业在淘宝、京东等网络平台上销售，销售量逐年增加。可以说，横州政府对于茉莉花产业的支持是确实的全程的，从栽培到加工，再到销售，政府搭建平台，政府制定规划为横州茉莉花产业的发展提供了有力的保障。

横州市不断深挖茉莉花文化内涵，推动茉莉花文化向规模化、产业化发展。2022 年 1 月 1 日颁布施行的《南宁横州市茉莉花保护发展条例》，其中明确提出加强茉莉花文化保护传承。《条例》分为七章，46 条，规范了横州市辖区内茉莉花的保护管理、产业发展和文化传承等活动，主要有以下内容：

加强茉莉花种植基地保护。《条例》第二章重点对茉莉花种植基地的建设和保护作了规定，通过划定基地及保护区，强调标准种植和规模种植，确保茉莉花的规模和品质；通过给予扶持政策，推动茉莉花种植高品质发展；通过加强生态环境保护，规范和限制不利于种植的行为，保证茉莉花种植的良好环境。

加强品牌保护力度。2006 年、2013 年“横州茉莉花”“横州茉莉花茶”先后获得国家地理标志产品。针对当前存在的缺乏对“横州茉莉花”地理标志行之有效的保护管理制度，地理标志使用不严谨、不规范等现象，《条例》设立专章，加强和规范地理标志等品牌保护。

加强茉莉花文化保护传承。《条例》第五章规定，开展茉莉花农耕文化、可移动文物、不可移动文物和有关民俗实物的征集、保护、研究，开展保护名录建立等基础工作，加强茉莉花传统工艺的保护，挖掘茉莉花文化，并依托“横州茉莉花”的影响力，发展休闲农业和乡村旅游。

扶持茉莉花产业发展。为强化创新驱动，《条例》明确鼓励支持建设创新平台、科技创新与成果转化机制；针对茉莉花种植品种单一、老化、退化现象，提出加强对优、特、珍、稀茉莉花种质资源的保护，建立茉莉花良种繁育基地；推动“互联网＋茉莉”，运用大数据对茉莉花种植和茉莉花制品加工、交易、检验、检测信息数据进行数据化管理、分析，从多种渠道，扶持和推动茉莉花产业发展。

《条例》的颁布施行弥补了横州市茉莉花保护发展工作法律空白，是推动茉莉花产业高质量发展的有效举措，呼应了产业发展的实际需要，破解了发展保护的机制难题，为茉莉花产业转型升级、健康可持续发展提供法制保障。

2012 年，横州茉莉花茶制作工艺入选自治区第四批非物质文化遗产项目名录。2020 年，“广西横州茉莉花复合栽培系统”被成功列入中国重要农业文化遗产。横州茉莉花和茉莉花茶已成为中国与欧盟互认的地理标志产品，获评中国优秀茶叶区域公用品牌，产品远销欧盟、东盟等以及港澳台地区。2022 年，横州茉莉花产业综合产值达到了 152.7 亿元，成为广西最具价值的农产品品牌。

（二）福州茉莉花文化传承

清咸丰年间，福州茉莉花茶成为皇家贡茶，形成大规模商品化生产热潮，福州也成为全国茉莉花茶生产中心和集散地。

改革开放以来，福州茉莉花茶产业得到了前所未有的大发展。目前，仅跻身全国百强茶企的福建春伦集团有限公司年产茉莉花茶就达 360 多万公斤。该公司还在福州地区设有 800 亩的生态旅游观光生态园、文化创意产业园、科普示范基地和 7000 亩生态种植基地，在全省高山地区建立了 42000 多亩的绿色茶园基地。在法国巴黎米其林三星餐厅，一杯来自福建春伦企业的茉莉花茶售价达到 28 欧元。如今，品尝中国的茉莉花茶已成为许多法国人的日常生活方式。千百年来，茉莉花茶就是福建与“一带一路”沿线国家和地区经贸合作与文化交流的重要纽带。如今，春伦茉莉花茶文创园成为了南南合作基地，每年接待数千名发展中国家培训考察人员。2022 年 9 月，作为第十九届东博会投资贸易促进活动之一的第四届世界茉莉花大会在广西南宁开幕，福州五家品牌入选茉莉花茶十大经典品牌，福州茉莉花茶再次精彩绽放世界舞台，成为全球茶客与茶商的最佳选择。

福州市历来高度重视茉莉花产业发展，持续深入挖掘茉莉花文化价值，不断丰富茉莉花品牌文化内涵，从规划支持、基地建设、生产加工到品牌宣传等方面，全方位多层次扶持、壮大福州茉莉花产业，着力推动福州茉莉花走出国门、香飘世界。2013 年，“福建福州茉莉花种植与茶文化系统”被列入中国首批重要农业文化遗产。2014 年，“福建福州茉莉花与茶文化系统”被联合国粮农组织认定为全球重要农业文化遗产。同年，福州茉莉花茶窨制工艺被列入国家级非物质文化遗产代表性项目名录。2022 年，该项目作为“中国传统制茶技艺及其相关习俗”之一入选人类非物质文化遗产代表作名录。

这些年来，福州统筹发展“茶文化、茶产业、茶科技”，倾力建设“世界茉莉花茶发源地”和“福州茉莉花茶”公共品牌，推动茉莉花茶产业将资源优势转化为可持续高质量发展优势，加快提升茶文化影响力、完善茶产业链、增强茶科技竞争力，将福州茉莉花茶打造成为国内首个同时获得三大地理标志的农产品，并入选 2022 中国地理标志农产品（茶叶）品牌声誉百强榜以及中欧地理标志首批保护清单。福州被国际茶叶委员会授予“世界茉莉花茶发源地”称号，先后承办了世界茉莉花茶文化鼓岭论坛、中法农业文化遗产交流会等国际茶业界交流盛事。福州市还出台了关于“支持福州茉莉花茶产业发展九条措施”“福州茉莉花茶产业高质量发展行动方案”等政策，编制《福州茉莉花与茶文化系统保护和发展专项规划（2021—2025）》等，探索出一整套全球重要农业文化遗产价值提升的“福州方案”。

茉莉芬芳促振兴，千年闽茶出海忙。未来，福州将持续擦亮福州茉莉花茶“双世遗”的金名片，推进世界茶港城建设，做大五里亭国际茶叶联合交易中心，办好中国茶叶交易会等活动。预计到 2025 年，全市将扩种茉莉花 1.6 万亩，培育 10 家以上产值过亿的龙头企业，建成两个茉莉花茶产业园，打造中国茶叶交易中心和中国茶叶交易大数据中心，实现茉莉花茶全产业链产值突破百亿元，以“一带一路”建设为契机，让茉莉花茶飘香世界。

与此同时，福州茉莉花茶文化吸引着越来越多的海外“茶粉”来到中国寻茶，与茶结缘。叶与花，人与茶，拉近彼此的距离，为“一带一路”民心相通搭建起了美好的纽带。

（三）四川茉莉花文化传承

根据文献记载，宋代时茉莉花已经在四川地区栽植，南宋罗愿的《奉简李叔勤觅茉莉花栽》中提到，此时茉莉多引种于四川。根据明代《群芳谱》和清代《陇蜀余闻》的记载，当时在四川地区还有珍贵少见的红茉莉品种。《四川通志》称："成都府有红茉莉，与白者香无差别"。

四川地区虽然早已栽种茉莉花，但或许由于产量和栽种成本等方面的原因，为了满足窨制花茶的需求，19 世纪 80 年代又从福建地区引种栽培新品种的茉莉花。在众多的花茶之中，如珠兰花、玉兰花、玳玳花，四川人更钟情于茉莉花的洁白高贵、清鲜芬芳。随着对茶性和花性逐步了解认识和深入，人们通过对各种传统花茶制作工艺流程的尝试，进入民国后，四川人逐渐将花茶的主要原料锁定为茉莉，因而对茉莉花的需求进一步增强。为了满足这一新的需求，根据记载，在民国 13 年（1924）前后，龙泉驿的大面铺又从杭州引进茉莉种苗试种成功，并迅速扩大到红河、西河、石灵等乡镇及成都周边一些丘陵地带。可以说，四川经过多次从不同地区引种茉莉花之后，终于拥有了丰富的、高质量的茉莉花源，这不仅为规模化的花茶作坊提供了原料保障，而且也为四川地区饮用茉莉花茶的普及提供了物质基础。四川的茉莉花茶的茶坯，通常是本地及周边地区所产之烘青绿茶。绿茶对于空气中的水分和气体，有很强的吸收作用，而茉莉花又具有吐香的特性，茶、花相窨，一吸一吐，茶吸花味，花透茶香，二者可谓相得益彰。过暑之后，茉莉花开尽，但只要品饮一杯茉莉花茶，便仍可领略茉莉的芬芳。如创办于 1939 年的临邛茶厂，主要收购邛崃本地茶，其特点是色浓而经泡。每年产茶季节，在茶叶市场上向茶农收购零星茶。茶叶收购好后，即雇请茶夫，把茶分等级装入麻袋，用脚溜制。然后，经过冈炭火烘制成的有红茶、绿茶、素茶。而在每年的五六月份盛产茉莉花时节，茶厂把茶运到成都大面铺烘制成茉莉花茶。再如开业于 1923 年的著名川菜餐厅竟成园的茶馆，他们提供的茉莉花茶也是精心制作。用作茶坯的绿茶都是自制的；鲜花则用专门从成都附近的乡下收回的新鲜茉莉花，经茶铺的工作人员们细心挑选后，再由炒茶师孙德理每天清晨烘炒出新鲜茶叶。用这种当天烘制出的茉莉花茶泡茶，鲜灵清幽，自然备受茶客们的欢迎茉莉花茶在四川地区、尤其是在成都地区的饮食生活中占据着重要的地位。老成都的茶馆讲究"有茶、有座、有趣"，全国闻名。老成都茶馆提供的茶品很多，一些有条件的茶馆在夏天还要加备杭菊，解暑、清肝、明目，冬天要加备沱茶，茶性温热，适合老年体虚者之需；但在茶馆一年四季都常备、畅销的绝对是成都人最喜欢的茉莉花茶。20 世纪 30 年代末，易君左第一次到成都，在游记中描述了在二泉茶楼买了一碗茉莉花茶，花 3 分钱，“茶香水好， 泡到第二三道茶味全出来了”。那时，茉莉花茶是成都最流行的茶，价廉物美。可以说，从民国到 20 世纪 80 年代中期，茉莉以及珠兰花茶在成都茶馆里唱主打，销量占到九成，尤其是三级茉莉花茶（“三花”），以至“谈三花”成为喝茶的代名词。即使在高档茶馆亦是如此，龙井、蒙顶等高档茶，和一般素茶、杂茶仅居配角地位。“三花”虽然品质一般，但老茶客们喝惯了，其价钱也比较适中，喝茶既如家常便饭，便必须掂量钱包。

老成都人一年四季均爱饮用茉莉花茶，是因为茉莉花茶的茶性特征，更加适合老成都人的生活饮食习惯、生存环境，正如同生活在此地的人爱食麻辣口味的食物一样。冬天人们饮用茉莉花茶，增加热量虽然有限，但它能兴奋神经，增速血液循环，而有驱寒保暖的作用。夏天人们喝茉莉花茶，又有祛暑降温之功，因为茉莉花发汗作用较强，通过汗水蒸发而大量吸热，从而使体温降低。所以说，茉莉花茶驱寒抗热二者得兼，适合四季饮用。

四川犍为用茉莉花制花茶已有近百年历史，所产茉莉花以花形大、花瓣厚、香气浓郁持久著称，是国内优质茉莉花茶主产地之一。四川犍为县已被中国茶叶流通协会先后命名为“中国茉莉之乡”“中国茶乡”和“中国茉莉茶之都”。“犍为茉莉茶”获“国家地理标志保护产品”和“国家地理标志集体商标”。犍为本地产生了清溪茶业有限公司、玉山源茶业有限公司、三星茶叶有限公司、炒花甘露茗茶有限公司，并经营“金犍飘雪”等茉莉花茶的品牌。

2023 年，四川犍为出台加快犍为茉莉茶产业发展的意见，明确提出把犍为建成川南地区独具特色的“中国茉莉之乡”“中国茶乡”和“中国茉莉茶之都”，让犍为茉莉茶产业成为推动农业更强、农村更美、农民更富的坚强产业支撑。同时，依托花茶历史文化和茶园生态资源，深挖茉莉花文化内涵，培育集花茶文化、观光体验、休闲度假为一体的花乡茶海养心休闲旅游。

二、茉莉花文化传承面临的问题

茉莉花文化作为我国优秀传统文化的重要组成部分，对于满足人们的精神需求起到重要的作用。然而，茉莉花文化在传承发展过程中，也面临着诸多挑战，主要体现在以下几个方面：

（一）现代化进程造成了强大的文化冲击

改革开放之后，我国的现代化进程脚步在逐渐变快，经济发生了翻天覆地的变化，同时也带来了强大的文化冲击。城市化建设过程中没有注重对茉莉花文化相关文化遗产的保护，造成了一些不可逆的损失。对茉莉花文化相关的传承发展过于“规范化”，使得相关的基础设施建设、文化元素建设等千篇一律，磨灭了很多茉莉花文化的独特之处，使其逐渐被淹没在钢筋混凝土之中。同时，科技发展对茶文化传承发展带来一些负面影响。例如，通过短视频、短文等形式传播茉莉花文化时存在内容太短、太碎片化，导致无法使人们对茉莉花文化体系有完整的认知，有时甚至会造成人们的误解。这也成为茉莉花文化传承发展过程中的阻力之一。

（二）全球化带来的文化冲击

在全球化背景下，茉莉花文化面临着来自全球文化的挑战。茉莉花文化在中国传承千年，承载了中华文化的历史、哲学、审美和价值观等方面的精髓。但在全球化趋势下，茉莉花文化和西方文化不断交流，传统的茉莉花文化容易受西方文化的影响而被弱化和融合。

（三）文化传播方面存在的问题

文化传播是推动茉莉花文化传承和发展的主要方向，茉莉花文化在文化传播方面存在着理论联系实践不够问题。茉莉花文化是经由上千年人们从实践活动中逐渐沉淀和提取的精华。因此，茉莉花在传承发展过程中，也需要足够的实践活动作为支持，才能获得源源不断的生命力。然而，当前茉莉文化传播只停留在理论阶段。教育是文化传播的重要途径，然而当前与茉莉花文化相关的教学课程大多数停留在理论教学阶段，真正走入实践的教学内容寥寥无几。各地政府虽然对茉莉花文化进行了大量的宣传，但是文化传承发展的实践活动却是少之又少，缺乏足够的实践活动支持，导致传承发展工作的开展难度较大。

第二节　茉莉花文化传承与创新

一、指导思想

2023 年 6 月，习近平总书记在文化传承发展座谈会上指出，“在新的起点上继续推动文化繁荣、建设文化强国、建设中华民族现代文明，是我们在新时代新的文化使命。要坚定文化自信、担当使命、奋发有为，共同努力创造属于我们这个时代的新文化，建设中华民族现代文明”。中国文化源远流长，中华文明博大精深，具有突出的连续性，如果不从源远流长的历史连续性来认识中国，就不可能理解古代中国，也不可能理解现代中国，更不可能理解未来中国。中国共产党既是中华优秀传统文化的忠实传承者和弘扬者，又是中国先进文化的积极倡导者和发展者，只有全面深入了解中华文明的历史，才能更有效地推动中华优秀传统文化创造性转化、创新性发展，更有力地推进中国特色社会主义文化建设，建设中华民族现代文明。

2023 年 9 月 1 日出版的第 17 期《求是》杂志发表了中共中央总书记、国家主席、中央军委主席习近平的重要文章《在文化传承发展座谈会上的讲话》。

文章强调，中国文化源远流长，中华文明博大精深。只有全面深入了解中华文明的历史，才能更有效地推动中华优秀传统文化创造性转化、创新性发展，更有力地推进中国特色社会主义文化建设，建设中华民族现代文明。

文章指出，要深刻把握中华文明的突出特性。中华优秀传统文化有很多重要元素，共同塑造出中华文明的突出特性。中华文明具有突出的连续性。中华文明的连续性，从根本上决定了中华民族必然走自己的路。如果不从源远流长的历史连续性来认识中国，就不可能理解古代中国，也不可能理解现代中国，更不可能理解未来中国。中华文明具有突出的创新性。中华文明的创新性，从根本上决定了中华民族守正不守旧、尊古不复古的进取精神，决定了中华民族不惧新挑战、勇于接受新事物的无畏品格。中华文明具有突出的统一性。中华文明的统一性，从根本上决定了中华民族各民族文化融为一体、即使遭遇重大挫折也牢固凝聚，决定了国土不可分、国家不可乱、民族不可散、文明不可断的共同信念，决定了国家统一永远是中国核心利益的核心，决定了一个坚强统一的国家是各族人民的命运所系。中华文明具有突出的包容性。中华文明的包容性，从根本上决定了中华民族交往交流交融的历史取向，决定了中国各宗教信仰多元并存的和谐格局，决定了中华文化对世界文明兼收并蓄的开放胸怀。中华文明具有突出的和平性。中华文明的和平性，从根本上决定了中国始终是世界和平的建设者、全球发展的贡献者、国际秩序的维护者，决定了中国不断追求文明交流互鉴而不搞文化霸权，决定了中国不会把自己的价值观念与政治体制强加于人，决定了中国坚持合作、不搞对抗，决不搞“党同伐异”的小圈子。

文章指出，要深刻理解“两个结合”的重大意义。在五千多年中华文明深厚基础上开辟和发展中国特色社会主义，把马克思主义基本原理同中国具体实际、同中华优秀传统文化相结合是必由之路。这是我们在探索中国特色社会主义道路中得出的规律性认识。“两个结合”是我们取得成功的最大法宝。第一，“结合”的前提是彼此契合。马克思主义和中华优秀传统文化来源不同，但彼此存在高度的契合性。相互契合才能有机结合。第二，“结合”的结果是互相成就。“第二个结合”让马克思主义成为中国的，中华优秀传统文化成为现代的，让经由“结合”而形成的新文化成为中国式现代化的文化形态。第三，“结合”筑牢了道路根基。中国特色的关键就在于“两个结合”。“第二个结合”让中国特色社会主义道路有了更加宏阔深远的历史纵深，拓展了中国特色社会主义道路的文化根基。中国式现代化是中华民族的旧邦新命，必将推动中华文明重焕荣光。第四，“结合”打开了创新空间。“第二个结合”让我们掌握了思想和文化主动，并有力地作用于道路、理论和制度。更重要的是，“第二个结合”是又一次的思想解放，让我们能够在更广阔的文化空间中，充分运用中华优秀传统文化的宝贵资源，探索面向未来的理论和制度创新。第五，“结合”巩固了文化主体性。文化自信就来自我们的文化主体性。创立新时代中国特色社会主义思想就是这一文化主体性的最有力体现。

文章指出，“第二个结合”，是我们党对马克思主义中国化时代化历史经验的深刻总结，是对中华文明发展规律的深刻把握，表明我们党对中国道路、理论、制度的认识达到了新高度，表明我们党的历史自信、文化自信达到了新高度，表明我们党在传承中华优秀传统文化中推进文化创新的自觉性达到了新高度。

文章指出，要更好担负起新的文化使命。在新的起点上继续推动文化繁荣、建设文化强国、建设中华民族现代文明，是我们在新时代新的文化使命。第一，坚定文化自信。中华文明历经数千年而绵延不绝、迭遭忧患而经久不衰，这是人类文明的奇迹，也是我们自信的底气。坚定文化自信，就是坚持走自己的路。第二，秉持开放包容。中华文明的博大气象，就得益于中华文化自古以来开放的姿态、包容的胸怀。秉持开放包容，就是要更加积极主动地学习借鉴人类创造的一切优秀文明成果。第三，坚持守正创新。必须以守正创新的正气和锐气，赓续历史文脉、谱写当代华章。

文章强调，对历史最好的继承就是创造新的历史，对人类文明最大的礼敬就是创造人类文明新形态。要共同努力创造属于我们这个时代的新文化，建设中华民族现代文明。

二、茉莉花文化传承和创新措施

茉莉花文化是我国优秀传统文化的重要组成部分，新时代新征程，我们要始终坚持茉莉花文化的传承与创新。具体而言，可以通过采取以下措施，推动茉莉花文化的传承和创新。

（一）加大资源保护与挖掘力度

茉莉花文化传承价值是影响茉莉花文化产业产业化发展的先决条件。当前，我国各地茉莉花文化资源挖掘深度不足，且存在可持续发展机制缺失的问题。因此，应将大力挖掘文化资源内涵作为产业化开发的基础工作，将茉莉花文化的起源与演变历史、独特的农业生产特征、完整的农作技术体系、茉莉花的加工应用体系、独特的茉莉花茶加工工艺、承载的文化特征等进行系统梳理。同时要注重文化传承人的培养，确保茉莉花文化产业化开发的可持续发展，因此要通过举办培训班，与涉农高校、职业院校开展联合培养专业人才等多种形式，培养茉莉花与茉莉花茶文化从业者。

（二）推动产业融合发展提升产业化水平

经济开发价值是影响产业化开发最为重要的因素。为了更大程度地通过产业化开发提升茉莉花文化资源价值，首先应注重夯实茉莉花的种植基础，建立一批茉莉花生态种植基地，采用传统生态技术与现代智慧农业技术相结合的方式，既充分展示茉莉花优良的生态品质，又展示现代绿色农业科技。其次，应在保持茉莉花茶窨制的加工优势基础上，开发提取茉莉花活性成分和精油、中药材料、花渣用于制作饲料等加工项目，以及茉莉精油、花醇等精深加工产品，延伸产业链条。最后，应注重结合科教文化价值和休闲体验价值开发，通过设计具有强体验性的农业休闲活动，将文化认同度高的习俗、典故、艺术作品等进行展示，以休闲服务带动茉莉花产业化水平。

（三）实施品牌战略

提升品牌价值对于提升茉莉花文化产业化价值十分重要，应充分立足于茉莉花（茶）品牌价值，进一步实施品牌化战略，带动产业化发展。一方面，要高标准制定茉莉花生产加工标准体系并严格执行，确保茉莉花产品品质；另一方面，要推动高端茉莉花、茉莉花茶产品开发，完善工艺、统一规格，提高高价格产品在所有产品中的占比，从而进一步提升茉莉花品牌区域公共品牌价值。

（四）坚持以茉莉花文化服务人民

茉莉花文化是以广大人民群众的生活为基础，经过不断发展和沉淀，形成了带有丰富内涵和生活哲理的文化内容。人民群众是文化的创造者，因此茉莉花文化的传承发展也需要紧紧围绕群众开展，以群众的精神需求为出发点，明确茉莉花文化传承发展的大方向。同时，在传承发展茉莉花文化的过程中，需要坚持以人民群众的利益为导向，将群众作为文化建设的服务对象，让群众成为文化传承发展的促进者和最终受益者。

（五）积极应对文化全球化趋势

随着全球化文化交流、融合的加深，我们应该积极采取措施，迎接挑战。一方面，要推动茉莉花文化内涵的不断创新。需要不断抛弃茉莉花文化中消极的部分，传承发扬积极部分，才能够更好地适应时代发展。在创新过程中，需要始终保持茉莉花文化自身的特色，同时要积极借鉴当前世界文化中的优秀元素，将其作为茉莉花文化的补充，使得茉莉花文化能够更好地适应时代变化，紧跟时代步伐，满足当前群众对茉莉花文化的要求，为茉莉花文化赋予新的时代内涵，增添茉莉花文化的新鲜与活力，能够为茉莉花文化的传承发展提供源源不断的动力。另一方面，我们要积极同世界文化进行交流与合作，推动茶文化的输出。在这一过程中，应当尊重其他国家的优秀文化，并且保持自身的独立性，培养对茉莉花文化的文化自豪感。为了更好地推动茉莉花文化的传承发展，就需要让茉莉花文化走出国门、走向世界，让世界人民了解茉莉花文化背后的文化内涵、精神思想、相关故事等等，让世界能够更好地倾听中国传统文化的声音，帮助茉莉花文化获得更多外国友人的喜爱，这也是培养国民文化自信的重要途径。

（六）大力推动茉莉花文化传播

文化在传播过程中，要拉近茉莉花文化传承发展工作与人民群众真实生活之间的距离。例如，通过促进文化旅游产业的发展，带动茉莉花文化起源地的旅游业和相关经济产业发展，能够为茉莉花文化的传承和发展带来更多动力，也可以提高人民群众传承发展茉莉花文化的意愿。同时，文化传播应该加强实践活动环节。通过相关的实践活动，不仅可以对茉莉花文化的内容予以更加深刻的理解，而且能够为茉莉花文化的传承发展带来更多活力。比如，在茉莉花文化的历史博物馆、图书馆等场地，举办与茉莉花文化相关的知识竞赛等活动，不仅可以提高群众的参与度，而且能够利用轻松、愉快的实践活动形式，让人们通过更加便捷的途径深入了解茉莉花文化的内涵，并愿意为其传承发展贡献自己的力量。

本章小结

本章主要内容是茉莉花文化的传承与创新，介绍了茉莉花文化传承现状与问题，并分析了面对这些问题应该采取的措施。

课后思考题

一、填空题

1. 福建福州__________文化系统被联合国粮农组织认定为全球重要农业文化遗产。

2. 2022 年 1 月 1 日颁布施行的《南宁横州市茉莉花保护发展条例》，其中明确提出加强茉莉花__________。

3. 2020 年，“广西横州茉莉花_______”被成功列入中国重要农业文化遗产。

4. 茉莉花文化____________是影响茉莉花文化产业产业化发展的先决条件。

5.____________是文化的创造者。

二、选择题

1. 茉莉花文化的传承面临的问题是（ ）

A. 现代化进程造成了强大的文化冲击

B. 实施品牌战略

C. 坚持以茉莉花文化服务人民

2. 全球化带来的文化冲击着茉莉花文化的传承，为此，我们应当（ ）。

A. 推动产业融合发展提升产业化水平

B. 积极应对文化全球化趋势

C. 大力推动茉莉花文化传播

3. 以下哪项是横州市推动茉莉花文化传承的做法（ ）

A. 颁布施行的《南宁横州市茉莉花保护发展条例》

B. 建成川南地区独具特色的“中国茉莉之乡”“中国茶乡”和“中国茉莉茶之都”

C. 建成全球茉莉花种质基因库

4. 茉莉花文化在文化传播方面存在着（ ）不够问题。

A. 宣传

B. 广告

C. 理论联系实际

5. 为了更大程度地通过产业化开发提升茉莉花文化资源价值，首先应注重夯实茉莉花的（ ）。

A. 品种培育　　B. 种植基础　　C. 加工优势

参考文献

[1] 杨江帆，等编著 . 福建茉莉花茶 [M]. 厦门：厦门大学出版社，2008.

[2] 刘馨秋 . 福建福州茉莉花种植与茶文化系统茉莉窨香 [M]. 北京 : 北京出版社，2018.

[3] 王珏 . 茉莉的文学与文化研究 [D]. 南京 : 南京师范大学，2018.

[4] 康颢璇 . 不同地域《茉莉花》的整理和音乐对比研究 [J]. 艺术评鉴，2023（08）：58–61

[5] 甘振烁 . 横县茉莉花种植业发展对策研究 [D]. 广西：广西大学，2019.

[6] 刘为民 . 茉莉花产业发展和国家现代农业产业园创建的实践探索 [J]. 广西农学报 ,2021(2):1–4.

[7] 曾芳芳 . 基于价值评价的农业文化遗产产业化开发路径研究 [J]. 海峡科技与产业，2022（4）:53–56.

[8] 廖雅欣 . 乡村振兴背景下横州茉莉花产业链政策优化研究——基于政策工具理论 [D]. 广西：广西大学，2022.

[9] 温跃戈 . 世界国花研究 [D]. 北京 : 北京林业大学，2013.

[10] 冉悦 . 论我国古代的茉莉花文化 [J]. 内蒙古农业大学学报（社会科学版），2012（06）：321–323.

[11] 张梦格 . 中国茉莉花文化研究 [D]. 陕西 : 西北农林科技大学，2018.